菜根谭

[明] 洪应明 著

欧阳居士 注译

中国画报出版社·北京

图书在版编目(CIP)数据

菜根谭／（明）洪应明著；欧阳居士注译. -- 北京：中国画报出版社，2012.6（2024.3 重印）

ISBN 978-7-5146-0478-8

Ⅰ.①菜… Ⅱ.①洪… ②欧… Ⅲ.①个人—修养—中国—明代②《菜根谭》—注释③《菜根谭》—译文 Ⅳ.① B825

中国版本图书馆 CIP 数据核字（2012）第 107777 号

菜根谭

出 版 人：	田　辉
著　　者：	［明］洪应明
注 译 者：	欧阳居士
责任编辑：	齐丽华
助理编辑：	张　桐
出版发行：	中国画报出版社
	（中国北京市海淀区车公庄西路 33 号，邮编：100048）
电　　话：	010-88417359（总编室兼传真）　010-88417359（版权部）
	010-88417418（发行部）　010-68414683（发行部传真）
电子信箱：	cpph1985@126.com
海外总代理：	中国国际图书贸易集团有限公司
印　　刷：	北京一鑫印务有限责任公司
监　　印：	傅崇桂
开　　本：	32 开（880mm×1230mm）
印　　张：	7
版　　次：	2012 年 7 月第 1 版　2024 年 3 月第 9 次印刷
书　　号：	ISBN 978-7-5146-0478-8
定　　价：	45.00 元

前　言

《菜根谭》是明代隐士洪应明所著的一部论述修养、人生、处世、出世的语录体文集。洪应明，字自诚，号还初道人，籍贯不详，有《菜根谭》《仙佛奇踪》两部作品传世。洪应明早年曾热衷于仕途功名，晚年归隐山林，洗心礼佛。万历三十年（1602）前后曾居住在南京秦淮河一带，潜心著述。

洪应明生活的时代，明朝的统治已全面走向衰败，这不仅表现在政治的黑暗上，整个社会、文化氛围也呈现出堕落之势，这一点从稍前于《菜根谭》问世的《金瓶梅》中已可见一斑。一些有见识的知识分子，在经历了仕途的风波挫折之后，纷纷退隐江湖。他们既不愿意与当权者同流合污，也不愿意违心迎合鄙琐的社会风气，于是，表现隐者高逸超脱情怀的作品大量出现，《菜根谭》就是其中最著名的代表。《菜根谭》以道德格言的形式，将儒家的中庸思想、道家的无为思想和释家的出世思想的精髓熔于一炉，娓娓道出中国式的处世之方和修身之学，是一部有益于人们陶冶情操、磨炼意志，激人向上的哲理式读物。

目 录

修身第一……………………………………… 1
应酬第二……………………………………… 21
评议第三……………………………………… 57
闲适第四……………………………………… 85
概论第五……………………………………… 109

修身第一

🔹 原典

欲做精金美玉的人品,定从烈火中煅来;思立掀天揭地的事功,须向薄冰上履过。

🔹 评鉴

这一段是说修身成事的前提,就是要能够经受各种逆境的磨难和历练。

司马迁在《报任少卿书》中行文如流水,一口气数出:文王拘,而演《周易》;仲尼厄,而作《春秋》;屈原放逐,乃赋《离骚》;左丘失明,厥有《国语》;孙子膑脚,《兵法》修列;不韦迁蜀,世传《吕览》;韩非囚秦,《说难》《孤愤》……

可见人在逆境时,往往能抛开一切杂念,成就古今大业。

🔹 原典

一念错,便觉百行[①]皆非,防之当如渡海浮囊,勿容一针之罅漏;万善全,始得一生无愧。修之当如凌云宝树[②],须假众木以撑持。

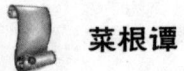 **菜根谭**

注释

①百行：指人的各种品行。

②凌云宝树：凌云，形容高耸入云。宝树，佛教语，指七宝之树，即极乐世界中以七宝合成的树木。

评鉴

遇到麻烦要慎重，要沉着冷静，而不是慌张无序、鲁莽从事。沉着冷静给自己赢得思考的时间，留有想象的余地，进而能使麻烦的危害性降低，甚至变害为利。

原典

忙处事为，常向闲中先检点，过举①自稀。动时念想，预从静里密操持，非心②自息。

注释

①过举：指错误的行为。

②非心：指邪心、错误的想法。

评鉴

反省反思、自我批评说起来挺简单，但做起来却不是什么人都能做到的，对于当事者而言，在某时某刻，对自己做一次深刻的反省，有时是件十分痛苦的事。事实上，事情忙是一回事，心忙不忙又是另一回事，关键是要做到

修身第一

事忙而心不忙，如此就需要有意识地经常自省，只要能想到这一点，要做到就并不难，这也是《菜根谭》这一段话的要义。

原典

为善而欲自高胜人，施恩而欲要名结好，修业而欲惊世骇俗，植节①而欲标异见奇，此皆是善念中戈矛，理路上荆棘，最易夹带，最难拔除者也。须是涤尽渣滓，斩绝萌芽，才见本来真体②。

注释

①植节：意为修养操守、树立气节。
②真体：佛教语，犹言本相、实相。后指事物的本来面目或真实情况。

评鉴

具有善良之心，多行善举，不仅助人，也能使自己获得快乐。正如一句名言所说："纯粹的快乐，只有在行善时才能得到。"

行善是发自内心的一种行为。经常行善的人往往有一种发自内心的满足感。

原典

能轻富贵，不能轻一轻富贵之心；能重名义，又复重

 **菜根谭**

一重名义之念。是事境之尘氛^①未扫,而心境之芥蒂未忘。此处拔除不净,恐石去而草复生矣。

注释

①尘氛:尘世的气氛。

评鉴

这一段分析的是人们的要强心理。一个人外表可能非常不在乎富贵、名誉,但事实上,他心里却非常在乎"不在乎富贵、名誉的美德"这一事实,这是人心中最微妙复杂的东西,也最不容易被自己察觉和清除。

原典

纷扰固溺志之场,而枯寂亦槁心之地。故学者当栖心元默^①,以宁吾真体。亦当适志恬愉,以养吾圆机^②。

注释

①栖心元默:栖心,寄托心志的意思。元默,沉静无为的意思。
②圆机:犹环中,形容超脱是非之外,不为外物所牵绊。

评鉴

世间之事,最难把握的就是一个"度"。

修身修心莫不如此。身处凡尘,纷扰多了就会影响人的判断思维,不能将事情透过表象的"情形",看清内中的"情理",就会丢失宁静的心智。

原典

昨日之非不可留,留之则根烬①复萌,而尘情终累乎理趣;今日之是不可执,执之则渣滓未化,而理趣反转为欲根。

注释

①根烬:烬,灰烬,根烬,即燃烧后的残余物。

评鉴

昨是今非,今是昨非,何谓是?何谓非?一切都只不过是心绪的波动罢了。念昨非、执今是都是太过执着的缘故。凡事不可太执着,太执着就是一种执迷,执迷是众苦之源。

佛家说:"过去事,丢掉一节是一节;现在事,去掉一节是一节;未来事,省去一节是一节。"丢掉、去掉、省掉,能做到这三点,也就算彻底掌握了菜根谭这段话的精髓之处!

原典

无事便思有闲杂念想否。有事便思有粗浮意气否。得意便思有骄矜辞色否。失意便思有怨望情怀否。时时检点,到得从多入少、从有入无处,才是学问的真消息①。

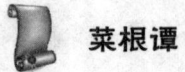 **菜根谭**

注释

①消息：这里指消长、增减、盛衰。

评鉴

《易经》曰："日新之谓盛德。"《尚书》上亦说："苟日新，日日新。又日新。"这些名言所讲的和《菜根谭》这段话所讲的道理是一样的：一个每天都能够进步的人，是不会被打败的。失败者之所以失败，只是由于梦想一口吃成一个胖子，结果却忘记了踏踏实实地往前走。成功者之所以成功，不是由于比别人聪明多少，而只是因为他们每天都在坚持不懈地改进自己。

原典

士人有百折不回之真心，才有万变不穷之妙用。

评鉴

《菜根谭》这句话所表达的意思浅显而深刻：面对挫折，要有百折不挠的真心。

在遇到挫折时，我们往往很快就会放弃努力，不再坚持尝试，而且我们不再努力的理由通常是不充足的。我们常说"这是不可能的"或者"我无法改变自己"，其实，我们是能够改变的。

在挫折面前因浑身发抖而低下头的人，最突出的习惯特点是放弃努力,不去坚持尝试新的出路。而成大事者的习惯恰好与之相反,敢于在挫折面前挺直腰板,坚持韧性,反复地从各个方面与挫折周旋和较量。因此,在成大事者的人生辞典中有这样一句话:"我的习惯正在于有办法改变自己的命运!"

原典

立业建功,事事要从实地着脚,若少慕声闻,便成伪果;讲道修德,念念①要从虚处立基,若稍计功效,便落尘情。

注释

①念念:念,心思,念念,即一个心思接一个心思。

评鉴

立业建功,讲道修德,都要脚踏实地,一步一步做起。的确,假如你踏踏实实地做好每一件事,那么绝不会空空洞洞地度过一生。

一个人如果有了脚踏实地的习惯,具有不断学习的愿望,并积极为一技之长下功夫,那么成功就会变得容易起来。

原典

身不宜忙,而忙于闲暇之时,亦可儆惕惰气;心不可放,而放于收摄之后,亦可鼓畅天机①。

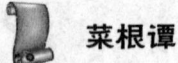 **菜根谭**

注释

①天机：天赋灵机。

评鉴

这段话讲的是如何处理自身的忙与闲，以及心的放与收的关系问题。我们与其忙忙碌碌，为名利而牺牲健康、丧失本性，不如静下心来做些自己真正喜欢的事；与其为了自己在他人心目中的形象和地位而费尽心思、心力交瘁，不如看淡身外之物，安贫乐道，寻找物我两忘的精神幸福。所以，人生要想求得最大的幸福，就应该追求内心的喜悦与自在。

原典

钟鼓体虚，为声闻而招击撞；麋鹿性逸，因豢养而受羁縻。可见名为招祸之本，欲乃散志之媒。学者不可不力为扫除也。

评鉴

淡泊名利欲望，不要让自己成为名利欲望的奴隶，否则就会活得很累。灯红酒绿前，不要让自己的感性支配理性，面对多彩的生活，始终保持一颗寡欲之心，保持一颗平静之心，踏踏实实做人比什么都重要。走得踏实，活得实在，才会真正做自己的主人。

原典

一念常惺①,才避去神弓鬼矢;纤尘不染,方解开地网天罗。

注释

①常惺:指头脑保持清醒。

评鉴

现在社会上有不少人认为人心邪恶,防不胜防,在社会上行走必须如临深渊,如履薄冰。其实,不做亏心事,不怕鬼叫门,只要本人能做到心念清澈,不昏不暗,那么任何魑魅魍魉,也无法对你施以手段。

原典

一点不忍的念头,是生民生物之根芽;一段不为的气节,是撑天撑地之柱石。故君子于一虫一蚁不忍伤残,一缕一丝勿容贪冒,便可为万物立命、天地立心矣。

评鉴

菜根谭这段话的核心讲的其实就是儒家思想的核心——"仁",孔子首先把"仁"作为儒家最高道德规范,提出以"仁"为核心的一套学说。"仁"的内容包涵甚广,核心是爱人。"仁"字从人从二,也就是人们互存、互助、互爱的意思,故其基

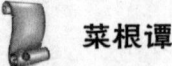 **菜根谭**

本含义是指人与人之间相亲相爱的伦理关系,这从"仁"字的结构就可以看出。"仁"字由一人两横纽成。横指土,为薄土,较贫瘠;两横指中土,不厚不薄,正可融生万物;若为三横,则为厚土,厚土埋下,万物无活。所以,"仁"就是人要有中土一样可融万物之污、可生万物之命、可养万物之灵的美德。儒家把"仁"的学说施之于政治,形成仁政说,这在中国政治思想发展史上产生了重要影响。

原典

拨开世上尘氛,胸中自无火炎冰竞;消却心中鄙吝,眼前时有月到风来。

评鉴

心一动,世间万物便也跟着风生水起,纷纷攘攘;心一静,起起伏伏的人生瞬间就会归于平静,尘埃落定。

人的心经常依赖别人,自己不能做主,又因为经常受到外界的牵引,自己也无法把持,所以产生了诸多烦恼。如何避免诸多烦恼,唯有以静心应对。

原典

学者动静殊操①、喧寂异趣,还是锻炼未熟,心神混淆故耳。须是操存涵养,定云止水中,有鸢飞鱼跃的景象;风狂雨骤处,有波恬浪静的风光,才见处一化齐②之妙。

注释

①殊操：指操行不同。

②处一化齐：处，停止。一化，一切变化。齐，整齐。这里体现的是春秋、战国时老庄学派一种"齐物"哲学思想。其思想认为宇宙间一切事物，都应该同等看待，这一思想集中体现在庄子的名篇《齐物论》中。

评鉴

这一段强调的是耐心与定力。俗话说："心急吃不了热豆腐。"当一个人失去耐心、没了定力的时候，同时也就失去了清醒的头脑，也就不能冷静地分析事情。

克服急躁，保持心平气和的方法之一是经常检查自己是否常犯这种毛病。如果你的急躁情绪仅属偶然，你的烦恼便自会消除。

原典

心是一颗明珠。以物欲障蔽之，犹明珠而混以泥沙，其洗涤犹易；以情识衬贴之，犹明珠而饰以银黄，其洗涤最难。故学者不患垢病，而患洁病之难治；不畏事障，而畏理障之难除。

评鉴

净心，最重要的是心念清静。人生不如意十之八九，

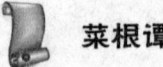 **菜根谭**

生活要能事事如意、不受外界干扰,实在很不容易!既然人世间有这么多不如意的环境要面对,不如先自我净化,把内心的世界清净,这也就是修心要下的功夫。

原典

躯壳的我要看得破,则万有皆空而其心常虚,虚则义理①来居;性命的我要认得真,则万理皆备而其心常实,实则物欲不入。

注释

①义理:指合于一定伦理道德的行事准则。

评鉴

身躯皮壳的"我"要看得透彻,就会万般所有全都空虚而他的心常恒虚无,虚无则礼义伦理归来寄居;本性天命的"我"要认得真切,就会万般道理全都齐备而他的心常恒充实,充实则物质欲望不得入侵。这里是主张从虚实两方面来把握自我,虚就是谦虚有容,这样才能接受各方面有用的东西;实就是要有自己的行事准则,不让那些贪恋俗物的念头轻易进入脑子里。

原典

面上扫开十层甲,眉目才无可憎;胸中涤去数斗尘,语言方觉有味。

修身第一

评鉴

金圣叹是明末清初的一位大文人,他满腹才学,却无心功名八股,安心做个靠教学评书养家糊口的"六等秀才"。他在独尊儒术崇尚理学的时风中,偏偏独钟为正统文人所不齿的稗官野史,被人称为"狂士""怪杰"。他对此全不在意,终日纵酒著书,我行我素,不求闻达,不修边幅。当时有人记载,说他常常饮酒谐谑,谈禅说道,能三四昼夜不醉,仙仙然有出尘之致。

人生活在世间,能以本色天性面世,不费尽心机,不被那些无谓的人情客套、礼节规矩所拘束,能哭能笑,能苦能乐,泰然自在,怡然自得,真实自然,保持自己的个性特征,岂不是一件乐事?

原典

完得心上之本来,方可言了心;尽得世间之常道,才堪论出世。

评鉴

能够见到自己本来的面目,才算是明了心的本体;能够透彻世间不变的道理,才足以谈论出世。一个人对事物的认识全在于心灵的妙用,没有心灵的感应,也就不会产生对事物的意识,心与物的关系也就不存在了。我们的心识执着于肉身,以及种种自我的念头,所以才会有生死。其实,肉体和"我"

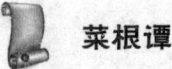 **菜根谭**

的观念都是幻象,倘若能证悟到这一点,我们便可以超越虚妄的心识,了悟到自己的本来面目,即"完得心上之本来"。

原典

我果为洪炉大冶①,何患顽金钝铁之不可陶熔。我果为巨海长江,何患横流污渎之不能容纳。

注释

①洪炉大冶:洪炉,即洪大的火炉,大冶,即冶炼师。

评鉴

这一段是强调自我的主观作用。莎士比亚曾说:"假使我们自己将自己比做泥土,那就真要成为别人践踏的东西了。"很多时候,我们总是不敢相信自己,总是认为别人比我们要强很多,一件事情要得到别人的肯定才是正确的。我们羡慕着别人的才能、幸运和成就,同时,我们最大化地浪费着自己。事实上,除了我们自己以外,没有人能贬低我们。如果我们坚强,就没有什么东西能够打败我们。

原典

白日欺人,难逃清夜之愧赧;红颜失志,空贻皓首之悲伤。

评鉴

这句话的大意是说,假如我们在白天有欺凌侮辱或者欺骗他人的行为,那么,当深夜之时,扪心自问,良心上谴责也是逃不了的,俗语所说的"为人不做亏心事,半夜不怕鬼敲门",与此略同。一个人年轻的时候如果不能很好地把握自己,不能为自己的志向而努力,甚至受到种种诱惑而失去志向,那么到老年时就会徒然悲伤,俗话所说的"少壮不努力,老大徒伤悲",与此略同。

原典

以积货财之心积学问,以求功名之念求道德,以爱妻子之心爱父母,以保爵位之策保国家,出此入彼,念虑只差毫末,而超凡入圣,人品且判星渊①矣。人胡不猛然转念哉!

注释

①星渊:形容差别很大。

评鉴

俗话说:"人为财死,鸟为食亡。"可见,人的求财之心总是容易痴迷到连死都不怕的程度,这个时候你让他用这个心思和热情去做学问,恐怕很难。尤其是现代人,心态普遍浮躁,积财极为用心,积学问却多是草草了事;热衷功名,

 **菜根谭**

对修炼品德却关心得极少；把媳妇当宝，却难以对父母尽到基本的孝道。其实，这些仅是一念之间的选择，但结果却有天地之别，由此可见转变之难。

原典

立百福之基，只在一念慈祥；开万善之门，无如寸心挹损①。

注释

①挹损：抑制私念。

评鉴

"福在积善，祸在积恶"。积德行善，无偿帮助他人，其实并不是一种损失，而是为自己的人生储蓄了福报的资本。当今社会上的一些人，总认为自己的生命比一般人都有价值，自己的时间比别人都宝贵，自己的事情比其他任何事情都重要，遇到自己本该出手相助的善事，想法回避和推脱，一辈子忙忙碌碌，钱挣了不少，就是没积下什么德，这种人怎么会有逢凶化吉，遇难呈祥的福报呢？

原典

塞得物欲之路，才堪辟道义之门；驰得尘俗之肩，方可挑圣贤之担。

评鉴

自然界万物都在循环往复的变化中，人也不例外，情绪会时好时坏。因此，学会控制自己的情绪是很有必要的。

强化"自控力"的唯一途径即是忍劳苦，制嗜欲。也只有如此方能做到极俭为奉身，极勤以为民。陶行知先生有联语："捧着一颗心来，不带半根草去。"这是节欲守操的根本，也是律己修德之所在。

原典

容得性情上偏私，便是一大学问；消得家庭内嫌隙，才为火内栽莲。

评鉴

每个人都有缺点，但除此之外，也有长处和优点。正确的心态应该是看到他人优秀的本质。如一位伟大的企业家所言："看人应该看到他的优点，必须尽量发掘他人的长处。用三分心思去挑剔缺点。"

原典

事理因人言而悟者，有悟还有迷，总不如自悟之了了；意兴从外境而得者，有得还有失，总不如自得之休休①。

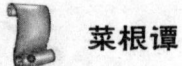 **菜根谭**

注释

①休休：这里是悠闲安逸的意思。

评鉴

人在迷惑的时候，往往会有许多心结打不开，这通常都是因为自己钻牛角尖，固执己见，听不进别人的逆耳忠言所致。所以当我们遭遇不顺、陷入烦恼的时候，无论迷惑、愚痴或邪见，只要不执着，就有办法化解。所谓"穷则变，变则通"，能够不断寻求解决之道，就会有所觉悟，有了觉悟就会有受用，此即"有悟还有迷"和"有得还有失"。

原典

情之同处即为性，舍情则性不可见，欲之公处即为理，舍欲则理不可明。故君子不能灭情，惟事平情而已；不能绝欲，惟期寡欲而已。

评鉴

《菜根谭》这段所主张的寡欲和孟子的主张相同。孟子曾说："养心莫善于寡欲。其为人也寡欲，虽有不存焉，寡矣。其为人也多欲，虽有存焉，寡矣。"只有适当减少各种物质的欲望，才能"养心"，避免日益膨胀的物质欲望对心灵造成的伤害。这就可能会出现两种情况：有的人，对物质的需求不是很多，即使心性有所缺失，那也不会多；

修身第一

有的人，对物质的需求很强烈，人的本性虽也有保留，那也不多了。因为前一种免受物质的刺激，后一种则摆脱不了这种刺激。

把欲望的烈马驯服，让欲望的怪兽不要肆虐无羁，并不是人人都能做到的。但做不到，也得尽力去做。因为欲望一旦疯狂不被遏制，那不仅会毁灭自身，而且还会祸及别人，甚至贻害社会和国家民族。

原典

欲遇变而无仓忙，须向常时念念守得定；欲临死而无贪恋，须向生时事事看得轻。

评鉴

"欲遇变而无仓忙，须向常时念念守得定"。遇变不惊，临危不乱，这无疑是一种很高的境界。很多人都在追求这个境界，但要做到却并不容易，特别是面对危机时能做到从容，更加不容易。只有平时养成淡定从容的习惯，到关键的时候才会临危不乱。

"欲临死而无贪恋，须向生时事事看得轻"。世上万事万物都有始有终，生是我们的开始，死是我们的结束。死亡是生命最后一个过程，有它的存在，生命才得以完整。

原典

一念过差，足丧生平之善；终身检饬，难盖一事之愆。

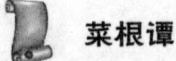 **菜根谭**

评鉴

　　一个人，即使一生行善，但假如有一个念头出错，做出错误的行为，就足以丧失以前积累的所有善果。一个人做错了一件事，即使终身都注重修养、反省检点，也无法掩盖这件事情所造成的罪与错。明代大才子唐伯虎说，"一失足成千古恨，再回头已百年身"。一个人的人生只有一次，没有办法重新来过，许多遗憾往往是无法弥补的。所以，为人处世，一定要处处小心谨慎，凡事三思而后行。

原典

　　从五更枕席上参勘心体，气未动，情未萌，才见本来面目；向三时饮食中谙练世味，浓不欣，淡不厌，方为切实工夫。

评鉴

　　《菜根谭》这里所说的"心体"，可以理解为人的本性，即心性的本来面目。"参勘"，则指的是一种非常深刻的自我反省和自我检讨。那么，为什么要在五更枕席上做此事呢？《菜根谭》给出的答案是，因为这个时间"气未动，情未萌"。的确，我们在白天忙碌的时候，情绪烦躁不安，哪有心情自省啊！即使自省，由于受自己情绪的影响，容易分辨不清，或者判断错误。

应酬第二

原典

操存要有真宰①,无真宰则遇事便倒,何以植顶天立地之砥柱!应用要有圆机,无圆机则触物有碍,何以成旋乾转坤之经纶!

注释

①真宰:指自然的主宰或君主,这里指的是原则、主见。

评鉴

水流不腐,人活不输!

为人处事要圆活一点,这样成功的机会就多一点。但是,做人圆活一定要有一个大前提,那就是在面对大是大非时,底线一定坚守,原则不能动摇,也就是菜根谭这段所说的,要有"真宰"。只有这样,才算真正做到顶天立地。一个人,要放弃自己做人的底线和原则是很容易的,而要始终坚守则步步维艰,但正因为你能挺得住,才能让困难和痛楚淘汰与你有同样目标的人,你才能最后享受到登上巅峰的快乐。

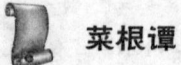 **菜根谭**

原典

士君子之涉世，于人不可轻为喜怒，喜怒轻，则心腹肝胆皆为人所窥；于物不可重为爱憎，爱憎重，则意气精神悉为物所制。

评鉴

人人都有喜怒哀乐，只是有的人不把它写在脸上罢了。而人际交往，做到这一点的确不易。所以，有人说，要把喜怒哀乐藏在口袋里，别轻易拿出来给别人看。换句话说，不轻易表露自己的观点、见解和喜怒哀乐，此所谓"深藏不露"的心机。有些人往往喜欢把自己的思想感情隐藏起来，不让别人窥出自己的底细和实力，这样对手就难以钻空子了。

原典

倚高才而玩世，背后须防射影之虫；饰厚貌以欺人，面前恐有照胆之镜。

评鉴

大哲学家荀子曾说过这样一段有关人性的话："人之性恶，其善者伪也。"这句话的意思是说，人的性质如果看来是善的，那是他努力装扮成这样的，因为人性本来是恶的。这就是著名的性恶论。这也告诉做人千万不能过于单纯，要懂得适度伪装自己，以防被小人所害。

当然。人性究竟是善还是恶，绝非三言两语能够说清楚。但是在现实生活中，与人打交道时的确要谨慎小心，对人不妨考虑一些防范对策，预防万一，否则事情发展到糟糕程度时就为时晚矣。

原典

心体澄澈，常在明镜止水之中，则天下自无可厌之事；意气和平，常在丽日光风之内，则天下自无可恶之人。

评鉴

每一个人都曾经遇到过不少愤世嫉俗的人，或者，你也有过一些看什么都不顺眼，永远觉得命运对自己比较坏的朋友，但在倾听他们的怨言之后，总会发现有句老话说得很妙：可怜之人，必有可恨之处。

一个背向太阳的人，只会看见自己的阴影，连别人看你，也只会看见你脸上阴黑一片。

原典

当是非邪正之交，不可少迁就，少迁就则失从违之正；值利害得失之会，不可太分明，太分明则起趋避之私。

评鉴

在当今社会，在是非、正邪问题上模棱两可，甚至助纣

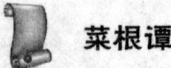 **菜根谭**

为虐,而在利害得失方面却锱铢必较,你死我活的事情太多了。正义敢言之士越来越少,而唯利是图之辈越来越多。这不能不说是一种悲哀。

事实上,在特定的社会环境下,我们不可能事事处处仗义执言。但在我们的心里,对于孰是孰非、孰正孰邪则一定要有一个明确认识,而且,只要有条件就应该用语言和行动把它摆出来,以影响整个社会道德趋向。

原典

苍蝇附骥①,捷则捷矣,难辞处后之羞;萝茑②依松,高则高矣,未免仰攀之耻。所以君子宁以风霜自挟③,毋为鱼鸟亲人。

注释

①苍蝇附骥:蚊蝇叮附马尾而疾驰远行,形容攀附权贵而谋取名利。

②萝茑:女萝和茑,两种一年生草本植物,多缘树而生。

③自挟:自恃。

评鉴

汉光武帝在《与隗嚣书》中说:"苍蝇之飞,不过数步。若附骥尾,可致千里。"假如苍蝇只凭自己的力量,也许终其一生都飞不了多远,但叮附在马的尾巴上,却可致千里。但这样能得到什么收获?苍蝇除了马尾巴上的毛还能看见什么？这样的"千里"，不过是狐假虎威罢了。

所以说，一个人想要改变自己的处境，只能依靠自己的努力奋斗，这样获得的成果才是最真实、最有意义的。如果依附于他人，一旦所依附的力量消失，自己又如何继续生存呢？

原典

好丑心太明，则物不契；贤愚心太明，则人不亲。士君子须是内精明而外浑厚，使好丑两得其平，贤愚共受其益，才是生成的德量①。

注释

①德量：道德、气量。

评鉴

古人言："水至清则无鱼，人至察则无徒。"水如果太清澈了，就不会有鱼；人如果太认真了，就不会有朋友。所以说，做官的人要有宽宏的度量，不自命清高，要能够忍让，并能接纳世俗乃至丑恶的事物。

《左传》上有一段话："高下在心，川泽纳污，山薮藏疾，瑾瑜匿瑕，国君含垢，天之道也。"

原典

伺察以为明者，常因明而生暗，故君子以恬养智；奋

 **菜根谭**

迅以为速者,多因速度而致迟,故君子以重持轻。

评鉴

靠窥察的手段来了解事物的人,常会因为求明而陷入愚昧之中,所以君子应当用泰然、淡泊的心态来培养自己的智慧;急于求成的人,常常会欲速则不达,所以君子应以稳重的态度来对待小事。现实生活中,我们无论做什么事情,都要运用正确的手段去达到目的,如果急功近利,使用小聪明或一些不正当的手段去达到目的,那么无疑是愚昧、糊涂的,最终只会给自己带来悲惨的结局。此外,要牢记,做人做事,泰然的心态、持重的态度永远是获取成功的不二法门。

原典

士君子济人利物,宜居其实,不宜居其名,居其名则德损;士大夫忧国为民,当有其心,不当有其语,有其语则毁来。

评鉴

老子有曰"上德若谷",这一恰当的比喻蕴含了菜根谭这段话的奥义:最高尚的道德犹如川谷,上仗大山之气象,下涌潺潺之流水,兼具刚与柔、重与轻之两脉。越是具有高尚品德的人越虚怀若谷。所以,有德之人对自己乐于助人的行为,不认为有功德,而是以平常之心,一切顺其自然罢了。

原典

遇大事矜持者，小事必纵弛；处明庭检饰者，暗室必放逸。君子只是一个念头持到底，自然临小事如临大敌，坐密室若坐通衢①。

注释

①通衢：四通八达的繁华路口。

评鉴

《菜根谭》这段话的主旨讲的就是古人所谓的"慎独"。

为什么要"慎独"？因为过恶最容易在独处时发生。孔子曰："君子必慎其独也。"就是指即使一个人独处，也要能克制自己，不要做有悖道德的恶行。

原典

使人有面前之誉，不若使其无背后之毁；使人有乍①交之欢，不若使其无久处之厌。

注释

①乍：开始，最初。

评鉴

人情世故，多有虚伪客套的成分，想让他人当面赞美

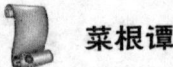 **菜根谭**

自己并不难，可要想让他人背后不议论和攻击自己，就不容易了。很多时候，即使你有做错的地方，碍于情面或利害关系，人家也不愿意当面拆穿和指摘。可在背后就不同了，要想让他人不骂自己，除非自己不犯错，没有可被骂处才勉强做得到。所以，面前之誉并不代表做人成功，背后之誉才算真正的做人成功，而且，即便是做到背后之誉，也远不算完美，背后无毁更为难得。

原典

善启迪人心者，当因其所明而渐通之，毋强开其所闭；善移风化者，当因其所易而渐及之，毋轻矫其所难。

评鉴

善于启发别人的人，会根据其所明白的道理进行逐步的诱导，不会生硬地灌输其一时无法领悟的道理，这在佛法上叫作"方便善巧"，也就是根据不同人的不同根性，灵活地运用各种适当的方法去循循善诱。佛教所谓"八万四千法门"，指的正是各种各样的教育方式和修行途径。而那种不分对象，一概而论，用一种方法、一种要求来启发和教育人德，省事倒的确是省事，只是效果一定不会好。

原典

彩笔描空，笔不落色，而空亦不受染；利刀割水，刀不损锷，而水亦不留痕。得此意以持身涉世，感与应俱适，心与境两忘矣。

评鉴

利刀割水，了然无痕。水是老子所推崇的一个近乎拥有无限弹性的物质典范。对于水，"兕无所投其角，虎无所措其爪，兵无所容其刃"；对于水，似乎谁都可以轻易地对它施加影响，但又没有什么人可以真正留下他对水的影响。它是一个因应万变却又恒守自然的理想典范，也是涵纳污浊却无妨于静澄安久的典范。当它顺势而善下的时候，无坚不摧；当它静定而处下的时候，无物能易之。这使它立于不败之地。所以说若能得水之真意，那就自然可以做到"感与应俱适，心与境两忘"。

原典

己之情欲不可纵，当用逆之之法以制之，其道只在一忍字；人之情欲不可拂，当用顺之之法以调之，其道只在一恕字。今人皆恕以适己而忍以制人，毋乃[1]不可乎！

注释

①毋乃：莫非，岂非。

评鉴

孔子的学生子贡问老师："有没有一个字可以作为终生奉行不渝的法则呢？"孔子回答："其恕乎！己所不欲，

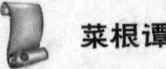 **菜根谭**

勿施于人。"这里的"恕"是凡事替别人着想的意思。其意是，自己不喜欢做的事，不要加在别人身上。这句话可视作处世的基本修养，如能做到这一点，在人际交往中，你会给自己和他人都留下进退的余地，这样就可以建立良好的人际关系。

原典

好察非明，能察能不察之谓明；必胜非勇，能胜能不胜之谓勇。

评鉴

能够明察是非，但也可以不去太过计较，这是一种真实的聪明，能察则不会受到蒙蔽，能不察就是给别人留有改过余地。每战必胜不是真正的勇者，激起共愤而群起攻之，恐怕就会招来灾祸。而可以战胜对方，却给对方留下一条生路，化干戈为玉帛，这才是真正的勇者，因为这样能有效地解决问题。当今社会，经历了残酷的竞争时代后，人们开始寻求双赢、多赢，可以说这是对《菜根谭》这一段话的最好验证。

原典

随时之内善救时，若和风之消酷暑；混俗之中能脱俗，似淡月之映轻云。

应酬第二

评鉴

真正具有大智慧的人懂得随时抓住时机去匡救时弊，就好像一缕和煦的清风，在不经意间就消除了夏日的酷暑炎热，令人精神为之一振。相反，如果不合时机，不但无法匡正时弊，还会为自己招来毁谤和灾祸。君子混同世俗之中而不沾染世俗之气，这就好像云薄风轻，与天边朦胧的月光相互辉映，若有若无，总能让人的心回归纯净；相反，如果表现得过分清高脱俗，则会让人感到无法企及，曲高和寡。佛法中讲恒顺众生，老子讲和光同尘，佛法世法，修行的目的都是为了帮助众生得到觉悟，恒顺众生与随时救时同，和光同尘与混俗脱俗同，读者当用心体会。

原典

思入世而有为者，须先领得世外风光，否则无以脱垢浊之尘缘；思出世而无染者，须先谙尽世中滋味。否则无以持空寂之后苦趣。

评鉴

入世是儒家的主张，出世是道家的主张。在道教中，出世是指对尘世无所眷恋，面对万丈红尘而不乱心，入世就是没有体味红尘而到人居住的地方去体味凡心。

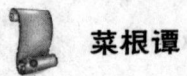

菜根谭

原典

与人^①者,与其易疏于终,不若难亲于始;御事者,与其巧持于后,不若拙守于前。

注释

①与人:取得人心之意。

评鉴

李白有一句耐人寻味的诗,叫"大贤虎变愚不测,当年颇似寻常人"。揭示了另一种意义上的保藏用晦的做人方法。这是指在一些特殊的场合中,人要有猛虎伏林、蛟龙沉潭那样的伸屈变化之胸怀,让人难预测,而自己则可从容行事。

原典

酷烈之祸,多起于玩忽之人;盛满之功,常败于细微之事。故语云:"人人道好,须防一人着恼^①;事事有功,须防一事不终。"

注释

①着恼:指发怒,生气。

评鉴

忽视细节而造成失败和灾祸的例子在古今历史上比比皆是。

三国时期蜀国将领马谡在排兵布阵中,因忽视魏军断其水源这一细节而导致街亭失守。近代蒋介石、冯玉祥、阎锡山军阀大战中,由于参谋将会师地点"沁阳"写成了"泌阳",直接导致冯、阎部的失败。美国"哥伦比亚"号航天飞机因小片隔热瓦脱落而导致坠毁,机上7名宇航员全部遇难……无数事实说明《菜根谭》这段话所说的道理。记住,百分之一的细微失误或疏忽,就有可能演变成百分之百的失败和灾祸。

原典

功名富贵,直从灭处观究竟,则贪恋自轻;横逆困穷,直从起处究由来,则怨尤自息。

评鉴

《道德经》曰:"生而不有,为而不恃,功成而弗居;夫唯弗居,是以不去。"也就是说,生养万物而不据为己有,培育万物而不自恃己能,功成名就而不自我夸耀。正是因为如此,所以功绩才不会泯没。老子的这番论述,深刻地揭示了如何居官做人的智慧。

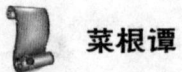 **菜根谭**

原典

宇宙内事要力担当，又要善摆脱。不担当，则无经世之事业；不摆脱，则无出世之襟期①。

注释

①襟期：襟怀、志趣。

评鉴

我们来到这个世界上当然要承担一些责任，做一些事情。但也应知道在适当的时候，用适当的方式摆脱这些。

对于我们来说，除了成功和荣誉之外，更高的境界是赢得休闲与安宁。事业上的成功、失败，幸福和灾难，都只是过眼云烟，它们不过是我们生命中必须经历的过程而已。有兴致有力气的时候去体验一下，差不多了，累了，就放下来，去休息。

原典

待人而留有余，不尽之恩礼，则可以维系无厌之人心；御事而留有余，不尽之才智，则可以提防不测之事变。

评鉴

凡事总会有意外，留有余地，就是为了容纳这些"意外"。杯子留有空间，就不会因为加进其他液体而溢出来；

气球留有空间便不会爆炸；人说话、做事留有余地便不会因为"意外"的出现而下不了台，从而可以从容转身。

原典

了心自了事，犹根拔而草不生；逃世不逃名，似膻存而蚋①仍集。

注释

①蚋：昆虫。

评鉴

卢梭说：人是生而自由的，却又无往而不在枷锁中。佛语云：一念放下，万般自在。纠结不过是自己给自己套下枷锁，打开它才能彻底享受到自由的味道。我们常常夸大了枷锁的力量，而忽视了自己的主动。能打开它的，唯有自己。只有你，能化解生命故事中的那么多苦痛与矛盾，让自己日趋圆满。己心妩媚，则世界妩媚。让烦恼与矛盾成为你成长珠蚌中的沙粒吧，因为它，你会更加圆润平和。

原典

仇边之弩易避，而恩里之戈难防；苦时之坎易逃，而乐处之阱难脱。

菜根谭

评鉴

　　古人说,"山峭者崩,泽满者溢"。这是以自然常理警戒为人切勿得意忘形,以免到手了的权势、财富、功名转眼成空。当人处在危难困苦之时,大多数人会警策奋发、励精图治;一旦志得意满,就可能放逸骄横。所以古人又说"聪明广智,守以愚;多闻博辩,守以俭;武力多勇,守以畏;富贵广大,守以狭;德施天下,守以让"。作为矫正人性易"得意忘形"这一弱点的方法,我们需要用心体味。

原典

　　膻秽则蝇蚋丛嘬①,芳馨则蜂蝶交侵。故君子不作垢业,亦不立芳名。只是元气浑然,圭角不露,便是持身涉世一安乐窝也。

注释

　　①嘬:聚缩嘴唇来吸取。

评鉴

　　"圭角不露"就是我们常说的不要锋芒毕露。锋芒本意是指刀剑的尖端,就像人们显露出来的才干。人若无锋芒,就像立不起的藤蔓,提不起的豆腐,在社会上是难以立足的。然而,锋芒又是把双刃剑,既可伤人,又会伤己,因此显露锋芒还应小心谨慎。

应酬第二

🏵 原典

从静中观物动,向闲处看人忙,才得超尘脱俗的趣味;遇忙处会偷闲,处闹中能取静,便是安身立命的工夫。

🏵 评鉴

忙中偷闲,闹中取静,不仅是保证身体健康的需要,也是保持头脑清醒的需要。没有冷静清醒的头脑,想办好事情几乎是不可能的。

要避免忙中出错,平时就要养成劳逸结合的习惯,对将要做的事情,有一个周密的安排,尤其是对休息的安排。一定要重视起来,这样工作起来才会有条不紊、忙而不乱。

🏵 原典

邀千百人之欢,不如释一人之怨;希千百事之荣,不如免一事之丑。

🏵 评鉴

俗话说:"宁可得罪十个君子,也别得罪一个小人。"小人是万万得罪不得的,但是君子最好也不要去招惹。君子虽不至于像小人一样给你下绊子,但当你身处困境时,他狠下心来不帮你,也是很遗憾的!所以,与其邀千百人之欢,不如释一人之怨。荣耀多了,人们反而太关注,但一事之丑足以让人念念不忘,这是人之常性,所以,希

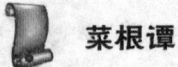 **菜根谭**

千百事之荣,不如免一事之丑。

原典

落落者,难合亦难分;欣欣者,易亲亦易散。是以君子宁以刚方见惮,毋以媚悦取容。

评鉴

君子公正刚直,不肯看到别人有所偏失不加以纠正,所以开始交往时可能比较难,可一旦结为好友,却可以成为生死之交;小人则相反,不是盲目附和,就是阿谀谄媚,像别人的影子一样,没有自己独立的意见,所以刚开始交往时或许很容易亲近,但这种交往不是基于心与心的交流,所以,散起来也就很容易。君子见大心广,心地坦然,从容舒泰而不骄矜做作;小人略有所见,即自以为是,意气飞扬,把一世界人都不放在眼里,没有一点安详舒泰的气象。"君子宁以刚方见惮,毋以媚悦取容"。就是说,君子要有原则(刚方见惮),不能谄媚事人(毋以媚悦取容),这样才能在切磋琢磨中交到真正的好友。

原典

意气与天下相期,如春风之鼓畅庶类[①],不宜存半点隔阂之形;肝胆与天下相照,似秋月之洞彻群品,不可作一毫暧昧之状。

注释

①鼓畅庶类：鼓畅，鼓动并使畅达；庶类，指万物。

评鉴

这段话强调的是对待朋友要坦诚。

朋友之交，贵在以诚，如若对朋友失去诚信，那么也等于失去了朋友。

欺骗朋友，对朋友作假了，朋友就会很痛心，朋友就会很失望，朋友也就不再是朋友了。欺骗像一把双刃剑，会割伤朋友的心，朋友的心在流血的时候，友情也就被血淹没了。即使伤口能愈合，那伤疤也是怎么都抹不掉的；同时，给朋友制造了痛苦，自己的为人也被欺骗的利刃败坏了，变成了一个言而无信的人，这时候，你还怎么能奢望朋友的帮助？

原典

仕途虽赫奕①，常思林下的风味，则权且之念自轻；世途虽纷华，常思泉下的光景，则利欲之心自淡。

注释

①赫奕：显赫。

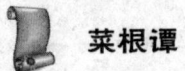 **菜根谭**

评鉴

隐居山林的生活虽然淡泊,但身心放松自由,都市的灯红酒绿、功名利禄让人感受刺激,精神得到暂时的愉悦,但也往往使人深陷权欲之中,不能自拔。死亡是可怕的,以死亡来淡化对利欲的追逐,正可以起到醍醐灌顶的作用。生命苦短,死亡是每一个都要面对的,短暂的一生中,不应该把自己生存的重心都放在名与利上,适当地淡化利欲之心,才能体味到生命的真义。

原典

鸿未至先援弓,兔已亡再呼矢,总非当机作用;风息时休起浪,岸到处便离船,才是了手①工夫。

注释

①了手:同高手。

评鉴

这一段是强调时势的作用。魏晋名士阮籍曾到过刘邦项羽当年激战的古战场河南荥阳广武山,在那里发出过一句著名的感叹:"时无英雄,使竖子成名。"项羽力拔山兮气盖世,最终落了个四面楚歌、乌江自刎的结局,刘邦以一小小的泗水亭长为起点而后开邦立国;刘项二人谁为英雄谁为竖子尚且不论,但在混战中成就事业的还是善于审时度势的刘邦。所谓时势造英雄，就在于特定的局面能够提供一个施展才能的平台，所以智者从来不与天争，也不与势抗，而是顺势而行。

原典

从热闹场中出几句清冷言语，便扫除无限杀机；向寒微路上用一点赤热心肠，自培植许多生意。

评鉴

常言道"滴水之恩，涌泉相报"，其实这滴水之恩也是分场合的。如果一个人处在极度的困境之中，而你施加援手，那么他便可能会感恩一辈子；与之相反的是，一个人处在顺风顺水、春风得意时，你给他一点好处，他极有可能"贵人多忘事"。所以施人以援手时最好在别人处在困境之中时，这样便能起到事半功倍的效果。

原典

随缘便是遣缘，似舞蝶与飞花共适；顺事自然无事，若满月偕盂[1]水同圆。

注释

[1]盂：指盛水的器皿。

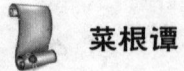 **菜根谭**

评鉴

万事随缘，随顺自然，毫不执着，这不仅是禅者的态度，更是我们快乐人生所需要的一种精神。随缘是一种平和的生存态度，也是一种生存的禅境。

古人言：吃饭时吃饭，睡觉时睡觉；凡事不妄求于前，不追念于后。从容平淡，自然达观，随心、随情、随理，便识得随缘禅味。

原典

淡泊之守，须从浓艳场中试来；镇定之操，还向纷纭境上勘过。不然操持未定，应用未圆，恐一临机登坛，而上品禅师又成一下品俗士矣。

评鉴

一个真正心境淡泊的人，是经历过富贵奢华的场合都能不着于心。一个人内心的镇静，是经历过纷纷扰扰的闹境都能恬淡自守。尘世间的繁华景象，有着太多足以诱惑心志的东西，而只有经历了繁华的考验，才能真正得到心灵的淡泊与宁静。真正淡泊的人是不为环境所动的，相反，是环境以他为轴心而转动。在纷乱的环境中如果无法保持安定的心境，那么不管平时表现得有多么镇定，都可能无法准确掌握自己的方向，进而从"上品禅师"沦为"下品俗士"。

原典

廉所以戒贪。我果不贪，又何必标一廉名，以来贪夫之侧目。让所以戒争。我果不争，又何必立一让的，以致暴客①之弯弓。

注释

①暴客：这里指强盗、窃贼。

评鉴

雁过留声，人过留名。追求名声本无可厚非，但就怕名前有个"虚"字。想得到名声，就要真正做到实至名归。有道是"善不由外来兮，名不可以虚作"。

如果一个人热衷追求虚名，一个集体或一个单位乐于背负虚名，无疑是在饮鸩止渴，对个人成长、事业发展都会留下祸患，那就会应了另一句人们熟知的俗语——图虚名，得实祸。

原典

无事常如有事时提防，才可以弥意外之变；有事常如无事时镇定，方可以消局中之危。

评鉴

"无事常如有事时提防"，核心在于"提防"二字。

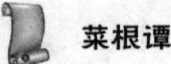 **菜根谭**

东汉荀况《中鉴·杂言》中有这样一段话:"进忠有三术:一曰防,二曰救,三曰戒。先其未燃为之防,发而止之为之救,行而责之为之戒。防为上,救次之,戒为下。"

"有事常如无事时镇定",核心在于"镇定"二字。镇定既是一个人经验和能力的综合反映,又是良好心理素质的外在表现。所谓大将风度,正是经验的长期积累、修养的不断升华,绝不是一朝一夕所能成就的。

原典

处世而欲人感恩,便为敛怨之道;遇事而为人除害,即是导利①之机。

注释

①导利:引导利益。

评鉴

想要别人感恩戴德,反而会积聚怨恨。不必要求别人感恩戴德,别人没有怨恨就是积德了。要求别人低一点,自己的品德会高一点。施恩不求报答的人,才是品德高尚的人。

老子说:"尽力照顾别人,我自己也就更加充实;尽力给予别人,我自己反而更加丰富。"这就需要至诚,以最完美的德来辅佐这个最崇高的诚,使它感人至深。他人有恩德于我,虽是一碗饭的施舍,也不能忘记;我有恩德于他人，虽是救死之恩也不能企望报答，也不能向他人提及，也不希望回报。这也就是古代圣人所说的"施恩德于人不望回报，受到他人施的恩惠千万不能忘记"的道理。

原典

持身如泰山九鼎凝然不动，则愆尤自少；应事若流水落花悠然而逝，则趣味常多。

评鉴

这里说的是处世之时，临危不乱、举重若轻，过失就自然会减少的道理。

战国时，魏国的国君魏文侯打算发兵征伐中山国。有人向他推荐一位叫乐羊的人，说他文武双全，一定能攻下中山国。可是有人又说乐羊的儿子乐舒如今正在中山国做大官，怕是投鼠忌器，乐羊不肯下手。

但文侯通过调查，了解乐羊是一个难得的人才，决定委以重任。

乐羊带兵一直攻到中山国的都城，然后就按兵不动，只围不攻。

几个月过去了，乐羊还是没有攻打，魏国的大臣们都议论纷纷。可是乐羊照旧按兵不动，他的手下西门豹忍不住询问乐羊为什么还不动手，乐羊说："我是为了让中山国的百姓们看出谁是谁非，这样我们才能真正收服民心，我才不是为了乐舒呢。"

菜根谭

又过了一个月,乐羊发动攻势,终于攻下了中山国的都城。乐羊留下西门豹,自己带兵回到魏国。

魏文侯亲自为乐羊接风洗尘,宴会完了之后,魏文侯送给乐羊一只箱子,让他拿回家再打开。

乐羊回家后打开箱子一看,原来里面全是自己攻打中山国时,大臣们诽谤自己的奏章。

如果魏文侯听信了别人的话而中途对乐羊采取行动,那么后果可想而知,自己托付的事无法完成,双方的关系也再无法维持下去了。

原典

君子严如介石①而畏其难亲,鲜不以明珠为怪物而起按剑之心;小人滑如脂膏而喜其易合,鲜不以毒螫为甘饴②而纵染指之欲。

注释

①严如介石:威严如坚石。
②甘饴:如饮甘蜜,指甜蜜。

评鉴

一只虱子常年住在富人的床铺上,由于它吸血的动作缓慢轻柔,富人一直没有发现它。一天,跳蚤拜访虱子。虱子对跳蚤的性情、来访目的、是否对己不利,一概不闻不问,只是一味地表示欢迎。它还主动向跳蚤介绍说:"这个富人的血是香甜的,床铺是柔软的,今晚你可以饱餐一顿!"说得跳蚤口水直流,巴不得天快黑下来。

当富人进入梦乡时,早已迫不及待的跳蚤立即跳到他身上,狠狠地叮了一口。富人从梦中被咬醒,愤怒地令仆人搜查。伶俐的跳蚤跳走了,慢腾腾的虱子成了不速之客的替罪羊。虱子到死也不知道引起这场灾祸的根源。

因此。在选择朋友时,你要努力与那些乐观肯定、富于进取心、品格高尚和有才能的人交往,让这些同道之人成为你的朋友,这样才能保证你拥有一个良好的生存环境,获得好的精神食粮以及朋友的真诚帮助。

原典

遇事只一味镇定从容,纵纷若乱丝,终当就绪;待人无半毫矫伪欺隐,虽狡如山鬼,亦自献诚。

评鉴

遇事镇定从容,那么即使事情再繁杂,也最终能理出头绪;待人没有丝毫虚伪和欺诈,那么即使狡猾得像山鬼一样的人,也会被感动而表现出真诚。《菜根谭》这段话讲的是为人处世的两个基本原则。其一,处事以镇定为要义,心定智生,只要心不乱,就不怕没有解决问题的办法。其二,待人以真诚为要义,不欺人,不伪诈,自然会换来别人的真心相待。

菜根谭

原典

肝肠煦若春风，虽囊乏一文，还怜茕独；气骨清如秋水，纵家徒四壁，终傲王公。

评鉴

《菜根谭》这段话通俗点讲，就是说：一个人如果拥有煦若春风般的善心，那么即使囊中羞涩，也会对贫弱的人抱有同情心；一个人的品格如果能像秋水一样清澈，那么即使家徒四壁，也足以傲视富贵的王公。现代人要做到穷而富有同情心并不难，但要做到穷而傲视"王公"却不容易，更多只是仇富心理罢了。

原典

讨了人事的便宜，必受天道的亏；贪了世味的滋益，必招性分的损。涉世者宜蕃择之，慎毋贪黄雀而坠深井，舍隋珠而弹飞禽[1]也。

注释

[1]舍隋珠而弹飞禽：即成语"隋珠弹雀"。隋珠，古代传说中的夜明珠。用夜明珠去弹打鸟雀。比喻得不偿失。出自《庄子·让王》："今且有人于此，以隋侯之珠，弹千仞之雀，世必笑之。是何也？则其所用者重，而所要者轻也。"

评鉴

对于一个成熟的人来说，决心和毅力是必不可少的，尤其在面对诱惑时的抉择上，但事实上很少有人做到这一点。就拿年轻的上班族来说，他们并没有一般人想得那么单纯。生活中、工作上如果遇到什么杂难问题，面对各种的诱惑，他们往往会不由自主地背叛自我的信条，去做一些不想做的事。

拒绝诱惑，要有勇于说"不"的能力。"船"动，"风"动，要保持自己的心不动才是根本。面对外界的诱惑，要耐住寂寞，增强抗力，提高自身素质是关键。面对形形色色的诱惑，一方面要增强自己的鉴别能力，另一方面要讲原则性，要有豁达的心态，要守得住自己的一方净土，唯有如此，你才能抵住诱惑的进攻。

原典

费千金而结纳贤豪，孰若倾半瓢之粟，以济饥饿之人；构千楹而招来宾客，孰若葺数椽之茅，以庇孤寒之士。

评鉴

这段话是教诫我们，对人应该少锦上添花而多雪中送炭。富人钱财多，对他布施财物，不会有很大意义。比如，天天吃山珍海味的人，你送给他一碗小白菜，他心里会想：我家肉多得吃不完，送我白菜干什么？但是，如果施舍一

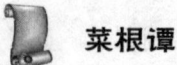
菜根谭

碗白饭给一个三日没有进食的乞丐，他就会终生难忘这一饭之恩，因为你是在生命攸关时救了他的命。

所以说，帮助人应在别人所需之处帮助。如果能做到急他人所急，供他人所需，那就很恰当，不但能对别人提供实际帮助，自己也成就了功德。

原典

解斗者助之以威，则怒气自平；惩贪者济之以欲，则利心反淡。所谓因其势而利导之，亦救时应变一权宜法也。

评鉴

化解争斗的人，给争斗着呐喊助威，反而会平息他们的怒气；惩治贪利的人，让他们满足欲望，反而会减淡他们的贪心。这里讲的是因势利导的应变之法。何谓"势"？"势"是一个意蕴精微、含义丰富的词，在不同语境中可分别解释为形势、姿态、权力、地位、时机、法度、情况、威力、规律和运动趋向等。智者善于因势利导，善于把每一个机会都朝有利的一面转变，并且让其发挥最大的作用。

原典

市恩不如报德之为厚。雪忿不若忍耻为高。要誉不如逃名之为适。矫情不若直节之为真。

评鉴

"市"是买卖的意思，故意施予别人恩惠，以求对方的欢心，这一定带有交易目的的行为，或是为笼络人心，或是为树立威望，其施与的目的是为了获取，结果虽然也是助了人，但因为出发点是为了助己，所以算不得真诚。受人以恩，报之以德，是中华民族的传统美德，这种以德报恩的行为是心存感谢、不求索取，其中体现着人性中的真诚与善良。节操正直的人决不会违背良心去做沽名钓誉之事，而宁可逃避名声带来的麻烦，因为有了名声，也许生活就会变得不自在，没有了原本的平适，而在名誉光圈的环绕下必须时刻保持警惕心，这样刻意就失去了真诚平和的本性。所以为人处世还是应该奉行这样的原则：勤勤恳恳做事，本本分分做人。

原典

救既败之事者，如驭临崖之马，休轻策一鞭；图垂成之功者，如挽上滩之舟，莫少停一棹。

评鉴

挽救一个将要失败的事情，是非常困难的，不能有任何马虎，也不能出现任何错误，否则就一定会失败。当一个人认为自己的成功近在咫尺的时候，往往会松懈下来，因此，常常会发生一些低级错误，所以，当成功快要来临

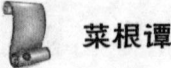

的时候,我们更应该把握住机会,而不是松懈下来,古人云:行百里者半九十。阶段性的成功离我很近了,所以我更应该小心警惕,把握住机会。

原典

先达笑弹冠,休向侯门轻曳裾;相知犹按剑,莫从世路暗投珠。

评鉴

"先达笑弹冠""相知犹按剑"两句,语出唐代王维的《酌酒与裴迪》诗:"白首相知犹按剑,朱门先达笑弹冠。"(《全唐诗》卷一三八)洪应明从这一诗联中截取"相知犹按剑""先达笑弹冠",加以翻造成一段清言。

王维此诗本意,是在给裴迪筛酒时,劝慰裴迪应当自我宽心,要看透世间人情冷暖的事实:"白首相知犹按剑,朱门先达笑弹冠。"意谓,一生相知的好朋友在关键的时候还按剑激昂,朱门同辈中先发迹的人们弹冠相庆。又说,世事如浮云一般飘浮不定,不值得那么累心。

原典

杨修之躯见杀于曹操,以露己之长也;韦诞之墓见伐于钟繇①,以秘己之美②也。故哲士③多匿采以韬光,至人④常逊美而公善⑤。

注释

①韦诞之墓见伐于钟繇：韦诞，字仲将（179—253年），三国魏书法家、制墨家。钟繇，字云常（151—230年），三国魏书法家。关于这段典故，晋人虞喜《志林》是这样记载的：钟繇见蔡邕笔法于韦诞坐，苦求不与，捶胸呕血，太祖以五灵丹救之。诞死，繇盗其冢，遂得之。

②美：美好的意思。

③哲士：哲人，贤明的人。

④至人：道家指超凡脱俗，达到无我境界的人。

⑤公善：公众的善事。

评鉴

杨修的典故众所周知，不必赘言，杨修至少给了我们两点启示：

其一，才不可尽露。杨修是绝顶聪明的人，也算爽快，且才华横溢，其才盖主。这恰恰犯曹操的大忌。殊不知，有些帝王将相是不喜欢别人胜过自己的。

其二，人不可耍"小聪明"。杨修的确很聪明，他能看透别人看不到的许多东西，能猜透别人猜不透的许多东西。然而，他又太愚蠢了，愚蠢得不知道如何保护自己，终于，他的表面的聪明使他愚蠢地走上了绝路。

总之，成就一番辉煌伟业，一要虚心谨慎，切忌恃才放旷，无所顾忌；二要胸有城府，千万不要出不必要的风头，

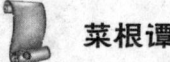 **菜根谭**

耍小聪明。

原典

少年的人,不患其不奋迅,常患奋迅而成卤莽,故当抑其躁心;老成的人,不患其不持重,常患以持重而成退缩,故当振其惰气。

评鉴

少年人血气方刚,精神饱满,往往是初生牛犊不怕虎,做事容易意气用事,所以,平常应该多注意培养稳重踏实的性格。老年人精力衰竭,血气亏损,往往是稳重有余,激情不足,做事容易故步自封、自我设限,所以要经常振作自己的精神,保持一颗少年人的心。

原典

望重缙绅,怎似寒微之颂德。朋来海宇,何如骨肉之孚心①。

注释

①孚心:心意相合。

评鉴

人生有限,时空无限;势有不至,运亦有穷通。但只要担当生前事,何惧后世不留名?历史会以公正的态度对

应酬第二

每个人的行为做出评价。在历史上,向来不乏才德超群而终生怀才不遇的高士,如孔子厄于陈、蔡,发出"吾道非耶?吾为何如此?"的浩叹;陈抟高卧华山,只赢得一个"睡仙"的雅名。像这样的例子在历史上比比皆是,这些人虽然没有"望重缙绅",但其道愈高,其德愈远,其行愈清,其英名也愈为后世所重。

原典

舌存常见齿亡,刚强终不胜柔弱;户朽未闻枢蠹,偏执岂能及圆融。

评鉴

"舌存常见齿亡,刚强终不胜柔弱",这句出自这样一个典故。说是老子的师父常摐生病了,老子去看望,顺便前去请教思想。老子问常摐:"先生的病已经很重了,难道您没有什么话要留给弟子们吗?"

常摐听到老子问起,便说:"你就是不问我,我也会告诉你一些话的。"

老子一听,便挺直腰板,说:"愿先生教我。"

常摐将口张开,指着口腔,向老子说道:"你看,我的舌头还在吗?"老子回答说:"舌头还在。""我的牙齿还在吗?"老子回答说:"你的牙齿都掉光了,没有了。"常摐便对老子说:"你知道其中的道理吗?"老子突然明白了师父要讲什么,便恭恭敬敬地回答说:"我明白了,

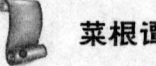 **菜根谭**

您要说的就是舌头还在,不就是因为它是柔软的吗?牙齿没有了,不就是因为它刚强的缘故吗?"

常摐见老子领悟得如此迅速,非常高兴,对老子说道:"你讲得非常对。天下的事理都在这里面了,我再也没有什么可以告诉你的了。"

评议第三

🔅 原典

物莫大于天地日月,而子美云:"日月笼中鸟,乾坤水上萍。"①事莫大于揖逊征诛,而康节云:"唐虞揖逊三杯酒,汤武征诛一局棋。"②人能以此胸襟眼界吞吐六合,上下千古,事来如沤生大海③,事去如影灭长空,自经纶万变而不动一尘矣。

🔅 注释

①日月笼中鸟,乾坤水上萍:诗见杜甫《衡州送李大夫七丈勉赴广州》。

②唐虞揖逊三杯酒,汤武征诛一局棋:诗见邵雍《伊川击壤集卷之二十·首尾吟一百三十五首之一百一十五》。

③沤:水泡。

🔅 评鉴

天下万物中以什么为大?答案是人的胸襟。洪应明在读到杜甫、邵雍的诗时,感慨人要是有这样的胸襟眼界,就可胸怀天地四方,就可看破亿万年的沧桑变迁,视有事

 **菜根谭**

来时如泡沫生于大海,不必大惊小怪,有事去时如鸟影消失在长空,不留一点痕迹,即使面对千丝万缕的国家大事,也能从容处置,不扰动一尘一末。

原典

君子好名,便起欺人之念;小人好名,犹怀畏人之心。故人而皆好名,则开诈善之门。使人而不好名,则绝为善之路。此讥好名者,当严责君子,不当过求于小人也。

评鉴

他还记录了一个很有意思的小典故,来说明名关难破之理:昔日有一老者说,"举世无有不好名者",并因此发出长叹。跟他同坐的一个人吹捧他道:"的确像您老人家所说的那样,不好名的人只有您老一个啊!"老者一听这话,受用得不得了,笑得是满面吹风,却不知道自己已经被人家戏耍了。

原典

大恶多从柔处伏,哲士须防绵里之针;深仇常自爱中来,达人①宜远刀头之蜜。

注释

①达人:通达事理的人。

评鉴

人生中常有防不胜防之感，尤其是过分的天真往往会吃亏。有些时候过度的信任和对于人性的盲目乐观是联系在一起的，而最后这会让我们的失望更深。知道的对手不可怕，可怕的是不知道的对手。这种情况总得面对，还需小心从容。

原典

持身涉世，不可随境而迁。须是大火流金而清风穆然，严霜杀物而和气蔼然，阴霾翳空而慧日①朗然，洪涛倒海而砥柱屹然，方是宇宙内的真人品。

注释

①慧日：佛教用语，指普照一切的佛的智慧。

评鉴

如果你能将自己的志向、梦想或处世的原则视为必然，认为除了自己，再也没有力量可以阻挡和改变你，将外界环境，外界的所有一切——诱惑、折磨、摧残，都视为远离本体的一种虚无，视为上帝在你面前装出的样子，能超出这种本来虚无的摆设式的苦难，那么，失败就会与你无缘，成功就会与你同行。这种专心致"志"，无所畏惧的"真人品"，足以让常人断定为失败的事情在你手中取得成功。

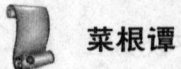 菜根谭

原典

爱是万缘之根,当知割舍。识①是众欲之本,要力扫除。

注释

①识:知识、识见。

评鉴

并不是所有的欲望都对我们有益,也不是所有的欲望都应该去满足,所以,对这些由于认识和知道而产生的欲望,应该尽力地甄别和清理,扫除不应有的欲望,留下合理的欲望。就像打扫禅堂一样,灰尘扫去,而木鱼和蒲团还是要留下的。

原典

做人要脱俗,不可存一矫俗之心;应世要随时,不可起一趋时①之念。

注释

①趋时:迎合潮流之意。

评鉴

《中庸》认为,君子懂得与人和睦相处,会主动去适应环境,善于和各式各样的人物和谐相处,善于维护良好

的公共形象和人际关系。但是，他们不会无条件地屈服和顺应潮流，不会抛弃自己的主张和原则，更不会和丑恶的现象同流合污，而是坚持自己的品格和操守，保持人格的独立。

原典

宁有求全之毁，不可有过情之誉；宁有无妄之灾，不可有非分之福。

评鉴

这段话是告诫人们不要贪恋眼前的荣华富贵、功名利禄。所谓官不要太高，权不应太盛，福不应太尽，否则容易使自己陷入危险境地；一个人的才干不应该一下子都发挥出来，否则就会处于衰落状态；一个人的品德行为不可以标榜太高，否则就会惹来毁谤和中伤。任何事都有个度，所谓"官大担险、钱多招嫉、树大招风""物极必反、否极泰来"，都说明了这个道理。

原典

毁人者不美，而受人毁者遭一番讪谤便加一番修省，可释回[①]而增美；欺人者非福，而受人欺者遇一番横逆便长一番器宇，可以转祸而为福。

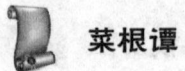 菜根谭

注释

①释回:驱除邪僻。

评鉴

《老子》中说:"祸往往与福同在,福中往往就潜伏着祸。"得到了不一定就是好事,失去了也不见得是件坏事。正确地看待个人的得失,不患得患失,才能真正有所得。

原典

梦里悬金佩玉,事事逼真,睡去虽真觉后假;闲中演偈谈玄①,言言酷似,说来虽是用时非。

注释

①演偈谈玄:讲演偈颂谈论玄理。

评鉴

《论语·学而》中写到,子曰"巧言令色,鲜矣仁",意思是,经常花言巧语,做出和颜悦色的样子,这种人的仁心就很少了。

孔子厌恶"巧言",主张辞能"达"就可以了。怎样才算"达"呢?"达"就是足以表达,把言辞用得恰到好处,不多不少,多一个太费,少一个不足,应当不浪费一个词,不多说一句话,切意中肯就行了,用不着不必要的涂脂抹粉。

评议第三

原典

天欲祸人，必先以微福骄之，所以福来不必喜，要看他会受；天欲福人，必先以微祸儆之，所以祸来不必忧，要看他会救。

评鉴

世间万物皆有其法则，强夺不来，巧取不得。人之福祸，同样是难以预料的。忧喜本是一家，吉凶本是同根。自然界中常有不测之事发生，人生之中常有旦夕祸福出现，因而须有"祸来不必忧，福来不必喜"的豁达胸襟。

原典

荣与辱共蒂，厌辱何须求荣；生与死同根，贪生不必畏死。

评鉴

任何事情都是一体两面的，光存在的地方就有黑暗，美丽存在的地方就有丑陋，我们要学会接受其中不完美的一面！

原典

做人只是一味率真，踪迹虽隐还显；存心若有半毫未净，事为虽公亦私。

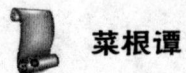 **菜根谭**

评鉴

　　一个率真无虚、至情至性的人，那么即使他隐居不显，他的人格魅力也总会被人们所承认、所敬重。相反一个人如果心性不纯，行事时就难免会公私不分。所谓，人心一杆秤，斤两称分明，《菜根谭》的这段话是生活中反复证明的为人处世的至理名言。

原典

　　鹪占一枝，反笑鹏心奢侈；兔营三窟，转嗤鹤垒高危。智小者不可以谋大，趣卑者①不可与谈高。信然矣！

注释

　　①趣卑者：趣味低下之人。

评鉴

　　与愚蠢的人商议"大事"，与趣味低级的人谈高雅的事情，我们是不是也常犯这样的错误呢？常言道：道不同不相谋，品不谐不相为乐；物以类聚而人以群分，生命的时间是有限的，不要胡乱浪费在没有意义的人和事上。

原典

　　贫贱骄人，虽涉虚骄，还有几分侠气；英雄欺世，纵似挥霍，全没半点真心。

评议第三

评鉴

"贫贱而骄人",源于对自我价值的认同,人生最重要的意义就在于实现自我价值。我国古代儒家强调知其不可为而为之的价值观,就是期望能不虚度一生,最大限度实现自我价值。

原典

糟糠不为彘肥,何事①偏贪钩下饵;锦绮岂因牺贵,谁人能解笼中囮②。

注释

①何事:为何,何故。
②囮:经过驯服后用来作为诱饵捕捉野鸟的鸟。

评鉴

"前事不忘,后事之师",对于接受前人的教训,中国人历来都是十分重视的,因而才有了"前车之鉴"这样的成语。然而,人们似乎总是十分健忘,尽管有这样那样血淋淋的教训,人们又总是重蹈覆辙。

原典

琴书诗画,达士以之养性灵,而庸夫徒赏其迹象;山川云物,高人以之助学识,而俗子徒玩其光华。可见事物

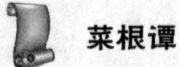 **菜根谭**

无定品,随人识见以为高下。故读书穷理,要以识趣为先。

评鉴

《庄子》里记载有这样一个故事:

宋国有一户人家,擅长配制一种防止皮肤冻裂的祖传秘药。他家祖祖辈辈,都依靠这点"微才薄技",以在水中漂洗蚕茧抽丝为业。有一个外地来的精明客商知道了这个秘方,拿出一百金高价买下他的秘方。

那个客商顺利得到了药方,便去告诉吴王。正好这时,越国发生内乱,吴王便指派他为将领,统兵借口讨伐越国。在数九寒冬里与越军进行水战,因为他有防止皮肤冻裂的密药,军士们不受冻伤,战斗力不减,所以大败越军。吴王认为他是有功之人,厚赏他大量土地。

原典

美女不尚铅华,似疏梅之映淡月;禅师不落空寂,若碧沼①之吐青莲。

注释

①碧沼:绿色的水池。

评鉴

这句是强调自然的美丽与可贵。人生在世,各有各的禀赋,各有各的奇珍,每个人都是大自然的杰作,每个人都有别人所无可比拟的长处。质地平平的粗糙之石，最后成为人们顶礼膜拜的佛像，是因为它坦然接纳了自己。接纳自然真实的自我，你会发现，你也有值得欣赏的地方。

原典

廉官多无后，以其太清也；痴人每多福，以其近厚也。故君子虽重廉介，不可无含垢纳污之雅量。虽戒痴顽，亦不必有察渊洗垢①之精明。

注释

①察渊洗垢：明察事理，清洗污垢。

评鉴

君子当然应有智慧，但正所谓大智若愚，这里所谓的愚，是指有意糊涂，而非真正的痴顽。该糊涂的时候，就不要顾忌自己的面子、自己的学识、自己的地位、自己的权势，一定要糊涂。而该聪明、清醒的时候，则一定要聪明。

原典

密则神气拘逼，疏则天真烂漫，此岂独诗文之工拙从此分哉！吾见周密之人纯用机巧，疏狂之士独任性真，人心之生死亦于此判也。

菜根谭

评鉴

心机太重的人，心性容易枯暗；率性纯真的人，则能保持心灵的质朴。现实生活中，那些看上去老气横秋之人，多半心机深沉，而那些简单纯朴的人，则大多率性纯真。

原典

翠筱①傲严霜，节纵孤高，无伤冲雅②；红蕖媚秋水，色虽艳丽，何损清修。

注释

①筱：指细竹。
②冲雅：典雅，淡雅。

评鉴

外表是朴素还是华丽并不重要，重要的是一个人的内心。内心如果能保持清净，那么，不管是在何时何地，从事的是哪行哪业，都同样能活出自己的价值。

原典

贫贱所难，不难在砥节①，而难在用情；富贵所难，不难在推恩②，而难在好礼。

注释

①砥节：磨砺气节。
②推恩：广施恩惠。

评鉴

假如我们是穷人，那就应该鼓起心志去改变贫穷的生活，但同时要在贫困中更加注意自己的修养锤炼和亲情的培养。

如果我们是个富人，那么，就务必清楚一点，富有其实是很危险的。其危险不在于人们对财富的嫉妒，而在于你对穷人尊严的蔑视。

原典

簪缨①之士，常不及孤寒之子可以抗节致忠；庙堂之士，常不及山野之夫可以料事烛理。何也？彼以浓艳损志，此以淡泊全真也。

注释

①簪缨：古代官吏的冠饰，比喻显达尊贵之人。

评鉴

何谓"浓艳"？就是过于奢侈豪华的生活，在这种环境中生活的人，终日纸醉金迷，因而很难有远大志向、高

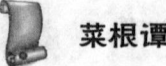 **菜根谭**

尚节操与超群能力。

再说"淡泊全真"。淡泊清贫的生活,可以磨砺斗志,可以激励精神,可以养浩然正气,可以使人头脑清醒,这也就是为什么"自古雄才多磨难,从来纨绔少伟男"的原因。

原典

荣宠旁边辱等待,不必扬扬;困穷背后福跟随,何须戚戚。

评鉴

所有荣华恩宠的旁边都有耻辱在等待,所以人生得意时不必洋洋自得;所有苦难贫穷的后面也总有福气跟随,所以失意时也不必悲戚忧伤。老子说,"祸兮福之所依,福兮祸之所伏",身在困苦中的人,千万不要放弃对成功与幸福的追求,更不应该自暴自弃,而要保持积极向上的斗志,勇敢地争取属于自己的成功与幸福。

原典

古人闲适处,今人却忙过了一生;古人实受处,今人又虚度了一世。总是耽空逐妄,看个色身[①]不破,认个法身[②]不真耳。

注释

①色身:肉身。

②法身：佛教用语，指证得清净自性，成就一切功德之身。

评鉴

古人追求闲适，今人却汲汲于名利，为此忙碌一生；古人追求精神的真实感受，今人却满足于对物质的需求，看不开的现代人总是把古人重视的那些东西放置一边，而费尽心思去追求虚妄的感官享受。这段话是洪应明对当时明代社会现象的反思，可是，搁到现代社会，是否更加贴切呢？

原典

芝草无根醴①无源，志士当勇奋翼；彩云易散琉璃脆，达人当早回头。

注释

①醴：甘泉。

评鉴

不能容忍美丽的事物有所缺憾，是大多数人的一种普遍心态。追求尽善尽美对大多数人来说是理所当然的事。但他们从未想过，太完美的事物往往不容易永久，而且，正是这种痴迷完美的态度，给他们的生活带来了巨大的压力。

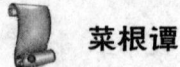 菜根谭

原典

少壮者，事事当用意而意反轻，徒汎汎作水中凫①而已，何以振云霄之翮？衰老者，事事宜忘情而情反重，徒碌碌为辕下驹②而已，何以脱缰锁之身？

注释

①水中凫：水中的野鸭，比喻浅尝辄止没有远大志向的人。

②辕下驹：指车辕下不惯驾车的幼马，比喻少见世面、器局不大的人。

评鉴

年轻人要脚踏实地，要肯吃苦，不要浅尝辄止。

老年人要适时放下，要服老，不要逞强。

原典

帆只扬五分，船便安。水只注五分，器便稳。如韩信以勇备震主被擒，陆机以才名冠世见杀，霍光败于权势逼君，石崇死于财赋敌国，皆以十分取败者也。康节云："饮酒莫教成酩酊，看花慎勿至离披①。"旨哉言乎！

注释

①离披：分散貌。

评鉴

做人要留有余地,不可把事情做绝。人生一世,万不可使某一事物沿着某一固定方向发展到极端,而应在发展过程中充分认识,冷静判断各种可能发生的事情,以便有足够的条件和回旋余地采取机动的应付措施。

原典

附势者如寄生依木,木伐而寄生亦枯;窃利者如蟛虹盗人,人死而蟛虹亦灭。始以势利害人,终以势利自毙。势利之为害也,如是夫!

评鉴

依附于权贵之人,背靠大树自是好乘凉,也找到了向上攀爬的阶梯,往往能显赫一时。可这些人往往是依靠靠山生存,就像寄生虫一样,一旦靠山倒下,他们便也难以生存,其下场"甚惨亦甚速",势利害人,正是如此。前车之覆,后车可诫。

原典

失血于杯中,堪笑猩猩之嗜酒;为巢于幕上,可怜燕燕之偷安。

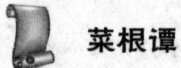 **菜根谭**

评鉴

　　人生在世，不能没有欲望。除了生存的欲望以外，人还有各种各样的欲望，欲望在一定程度上是促进社会发展和自我实现的动力。可是，欲望是无止境的，如果管不住自己的欲望，任它随心所欲，就必然会给人带来痛苦和不幸。

原典

　　鹤立鸡群，可谓超然无侣矣。然进而观于大海之鹏，则眇然自小。又进而求之九霄之凤，则巍乎莫及。所以至人常若无若虚，而盛德多不矜①不伐②也。

注释

　　①矜：骄傲。
　　②伐：夸耀。

评鉴

　　古语云：满招损，谦受益。在现实世界里，真正懂得谦虚之道的人并不多见。很多人常常在自己稍有才能的领域里恃才傲物，专横跋扈。其实，这种做法是很愚蠢的，这种行为只能使自己变得更加孤立，贤者不能进其言，智者不得助其力。

评议第三

🐉 原典

贪心胜者,逐兽而不见泰山在前,弹雀而不知深井在后;疑心胜者,见弓影而惊杯中之蛇,听人言而信市上之虎。人心一偏,遂视有为无,造无作有。如此,心可妄动乎哉!

🐉 评鉴

猜疑,是一个人精神上的瘫痪。它好像是人性中的一条毒蛇,稍不注意,它就会流出毒液。它一旦腐蚀你的思想,你就会丧失理智,以主观、片面、刻板的思维逻辑来主导自己的推理,毫无根据地进行判断。

🐉 原典

蛾扑火,火焦蛾,莫谓祸生无本;果种花,花结果,须知福至有因。

🐉 评鉴

任何事情的发生,都有其必然的原因。有因才有果。换句话说,当你看到任何现象的时候,你不用觉得不可理解或者奇怪,因为任何事情的发生都必有其原因。

🐉 原典

车争险道,马骋先鞭,到败处未免噬脐[①];粟喜堆山,金夸过斗,临行时还是空手。

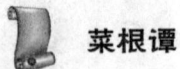
菜根谭

注释

①噬脐：自啮腹脐，比喻后悔不及。

评鉴

"如果你简单，这个世界就对你简单"。简单生活才能幸福生活，人要自足常乐，宽容大度，什么事情都不能想繁杂，心灵的负荷重了，就会怨天尤人。

原典

花逞春光，一番雨、一番风，催归尘土；竹坚雅操，几朝霜、几朝雪，傲就琅玕①。

注释

①琅玕：古代传说中宝树。

评鉴

《易经·乾卦》的第一句话就是"天行健，君子以自强不息"。自强而后才有外援，自立而后才有天助，竹子历经霜雪，何以能傲就琅玕？靠的就是其自立的品质。

原典

富贵是无情之物，看得他重，他害你越大；贫贱是耐久之交，处得他好，他益你深。故贪商旅而恋金谷者，竟被一时之显戮；乐箪瓢①而甘敝缊②者，终享千载之令名。

注释

①箪瓢：盛饭用的箪和盛水的瓢，也代指饮食。
②敝缊：指破旧的衣服。

评鉴

能否挖出潜在财富，因人而异，因时而异；有人被贫困压倒，一辈子窝窝囊囊，有人则在贫困面前崛起，终究成了一番大事业。

原典

秋虫春鸟共畅天机，何必浪生悲喜；老树新花同含生意，胡为妄别媸妍①。

注释

①媸妍：指美与丑。

评鉴

秋虫春鸟，共畅天机。新花老树，共含生意。红了樱桃，绿了芭蕉。万紫千红，百花齐放。孰灵孰巧，孰艳孰娇，合适就好，恰当就好，做人做事莫不如此，适合自己的才是最好的！

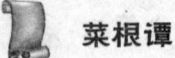 **菜根谭**

原典

多栽桃李少栽荆，便是开条福路；不积诗书偏积玉，还如筑个祸基。

评鉴

多栽桃李少栽荆，这是说与人相处要多铺路少砌墙，如此便是为自己多留一条退路。

不积诗书偏积玉，这是说应该多重视精神财富而非物质财富的积累。

原典

万境一辙，原无地著个穷通；万物一体，原无处分个彼我。世人迷真①逐妄，乃向坦途上自设一坷坎，从空洞中自筑一藩篱。良足慨哉！

注释

①迷真：迷失真性。

评鉴

古刹里新来了一个小和尚，他问方丈："我新来乍到，应先干些什么呢？"方丈微微一笑，对小和尚说："你先认识、熟悉一下寺里的众僧吧。"

第二天，小和尚来见方丈说："师傅，众师兄我都已拜过，下面我该做些什么？"方丈微微一笑，平和地说："不对，你肯定还有遗漏，继续去了解认识吧。"

第三天，小和尚再次来见老方丈，蛮有把握地说："师傅，弟子这次确实是把寺里师兄都认识了。"方丈微微一笑，说："还有一人，你一定没认识，而且，这个人对你特别重要。去吧，寻到他后再来见我。"

小和尚满腹疑惑。他挨个人询问，挨个房间仔细地寻找。阳光里、月光下，他一遍遍地琢磨盼望解开谜团……

忽然有一天，小和尚在水井里看到自己的身影，心头豁然开朗。

原典

大聪明的人，小事必朦胧；大懵懂的人，小事必伺察。盖伺察乃懵懂之根，而朦胧正聪明之窟也。

评鉴

在日常生活中，我们对一些非原则性的不中听的话或看不惯的事，可以装作没听见、没看见或是随听、随看、随忘，做到"三缄其口"。这种"小事糊涂"的做法，不仅是处世的一种态度，亦是健康长寿的秘诀之一。

原典

大烈鸿猷①，常出悠闲镇定之士，不必忙忙；休徵景福，多集宽洪长厚之家，何须琐琐②。

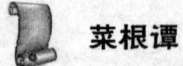 **菜根谭**

注释

①大烈鸿猷：指伟大的功业和计划。
②琐琐：犹疑不定。

评鉴

那些成就人生伟业的人，不会像我们这样成天忙忙碌碌、疲于应付，而是活得悠闲自在。真正的有福之人，往往宽宏大量、朴实厚道，而不是在金钱利益上斤斤计较。《菜根谭》这段话这是在告诉我们，做人的境界高低决定了一个人一生成就的大小，以及获得什么样的福报。

原典

贫士肯济人，才是性天①中惠泽；闹场能学道，方为心地上工夫。

注释

①性天：天性，即人的自然本性。

评鉴

富人能施舍，倒还不难；贫士肯助人就十分难得了。物质生活十分匮乏的穷人能感到心灵充实，是因为有一颗高贵而慈悲的心。心能把他天性之中的仁惠福泽表现得最为透彻。

评议第三

原典

人生只为欲字所累，便如马如牛，听人羁络；为鹰为犬，任物鞭笞。若果一念清明，淡然无欲，天地也不能转动我，鬼神也不能役使我，况一切区区事物乎！

评鉴

人心不足，欲壑难填，要求太多就会给自己带来太多烦恼和羁绊。所谓知足常乐，并不是不求上进的意思，而是指心态、价值观和所渴求的不要太过、太多、太超出自己的能力或者应得。

原典

贪得者身富而心贫，知足者身贫而心富；居高者形逸而神劳，处下者形劳而神逸。孰得孰失，孰幻孰真，达人当自辨之。

评鉴

《庄子》里有这样的一个寓言：

树木被拿来做斧头的柄，反过来用其砍伐树木；油脂被用来点火，结果把自己给烧光；桂树有食用价值，就被人砍了吃掉；而漆树有防腐功能，就难免刀割之灾。

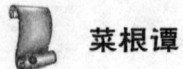 **菜根谭**

原典

众人以顺境为乐，而君子乐自逆境中来；众人以拂意为忧，而君子忧从快意处起。盖众人忧乐以情，而君子忧乐以理也。

评鉴

儒家将忧分为两类：一为外感的，因困难挫折而招致的忧，亦即物欲或难满足之忧；一为内发的，欲实现理想而生起的忧，亦即内心理性之忧。是仁心善性之见于感情者，也是为学修身之结果，是君子之所以为君子的情感所在。

原典

谢豹覆面①，犹知自愧；唐鼠易肠②，犹知自悔。盖愧悔二字，乃吾人去恶迁善之门，起死回生之路也。人生若无此念头，便是既死之寒灰，已枯之槁木矣。何处讨些生理？

注释

①谢豹覆面：谢豹，传说中的一种虫子，这类虫子一见到人便两脚遮面，看上去很像害羞的样子。

②唐鼠易肠：唐鼠，传说中的一种老鼠，这类老鼠一个月会三吐其肠。

评鉴

佛教中有"放下屠刀立地成佛"的警句,世俗中有"浪子回头金不换"的名言,文人有"苦海无边回头是岸"的说法,君主中有"不鸣则已,一鸣惊人"的誓言。而不论哪一种,都须有两个大前提,即自愧与自悔,知道羞愧,才能下决心与以往说再见,知道悔悟,才能有动力从头做起。

原典

异宝奇琛,俱民必争之器;瑰节奇行,多冒不祥之名。总不若寻常历履易简行藏,可以完天地浑噩之真,享民物和平之福。

评鉴

人生不必在意没有成为最炫目的。人生辉煌固然是一份幸运,人生平淡又何尝不是另一种特别的际遇呢?不必在意求不来、避不开的升迁荣辱,随遇而安,随缘施展,且深信只要保持良好的心态,在怎样的际遇里都能收获一份丰美的人生。

原典

福善不在杳冥,即在食息起居处牖其衷[①];祸淫不在幽渺,即在动静语默[②]间夺其魄。可见人之精爽常通于天,于之威命即寓于人,天人岂相远哉!

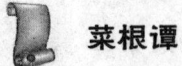 **菜根谭**

注释

①牖其衷：牖，通"诱"。牖衷，引申为显露、暴露。
②动静语默：行动与静止，说话与沉默。

评鉴

老话说，"举头三尺有神明"，又说"人在做，天在看"，《菜根谭》这段也说"人之精爽常通于天"，如果细加计较的话，这些都有些迷信的意味，但这些话语中的警世意味还是值得我们提取。福善与祸淫的确不会无端而至，往往在我们日常生活的细节中就会结下因果，所以，我们平常应该多多审视自己的行为举止，多积福，少引灾。

闲适第四

原典

昼闲人寂,听数声莺语悠扬,不觉耳根尽彻;夜静天高,看一片云光舒卷,顿令眼界俱空。

评鉴

在昼闲人寂,听几声鸟儿鸣叫,在夜静天高,看几片云光舒卷,让自己的心灵悄然贴近人性的自然,享受生活最静谧的安宁。假如远离世俗物欲的纷扰,去感觉心灵的宽舒和从容,该是多么地心宁气静、心旷神怡呀。

原典

世事如棋局,不着得才是高手;人生似瓦盆,打破了方见真空①。

注释

①真空:佛教用语,一指超出一切色相意识界限的一种境界。

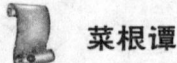 **菜根谭**

评鉴

世事变化无常,如同棋局,往往无法预料会向哪一个方向演变,只要身在凡尘之中,没有谁敢说自己做的事永远正确,自己永远是赢家。不下棋的才是高手,因为他没有败绩,同样,不沾世事的人才能永远是赢家,可这种人有吗?所以,这句话更多的是表达面对挫折与失败应该有良好的应对心态。

原典

龙可拳非真龙,虎可搏非真虎,故爵禄可饵荣进之辈,必不可笼淡然无欲之人;鼎镬可及宠利之流,必不可加飘然远引之士。

评鉴

寡欲可全其天真,无求可全其天趣,自足可全其天理,无争可全其天韵,此是人生第一个境界。若汲汲于富贵功名,势必逢人叩头作揖,即居万人上、一人下,亦是重枷在身。大凡人世间事,能看得透,心机自活泼玲珑;能放得开,气象自宽平廓大。

原典

一场闲富贵,狠狠争来,虽得还是失;百岁好光阴,忙忙过了,纵寿亦为夭。

闲适第四

评鉴

人的一生,健康、快乐、幸福才是真的,学问大、名位高、财富多,也是为了快乐。假如钱很多很多而不快乐,那个钱宁可不要。假使你拥有了一切,而丧失了健康和快乐,那是非常痛苦的,这叫本末倒置,舍本逐末,效果不彰。所以健康、快乐、幸福非常重要。

原典

高车嫌地僻,不如鱼鸟解亲人。驷马喜门高,怎似莺花能避俗。

评鉴

这段是主张人应该与大自然交朋友。不知你是否有此感觉,当你登山或去森林中漫步时,只要你将自己的身心投入到大自然中,专心聆听大自然的声音,去呼吸清新的空气,你会发现所有的烦恼便会随风而逝。所以,不妨尽量地与大自然接触,使自己返璞归真,找到真实的自我。

原典

红烛烧残,万念自然厌冷;黄粱梦破,一身亦似云浮。

评鉴

在古代,红烛是爱情的象征,是昔日美好感情的符号,

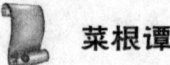 **菜根谭**

"红烛烧残"比喻韶华易逝,情爱之事往往在经历之后,会使人对其产生冷淡之心。黄粱梦的典故众所周知,它象征的是在经历过仕途的风波艰险、遍尝人世的沧桑艰难后,会有一种一切如梦幻泡影的感觉。

原典

千载奇逢,无如好书良友;一生清福,只在碗茗炉烟。

评鉴

"文人七件宝,琴棋书画诗酒茶"。

这里谈的是书和茶。首先是书,古今中外的名人志士都爱读书,像孔子、陆游、巴甫洛夫、萧伯纳、马寅初、巴金、冰心等,他们不仅把读书作为获得知识的手段,而且还把读书作为养生的方法之一,从而得到了健康长寿。宋代诗人陆游在医学不发达的时代,尚能活到85岁,这与他平时爱读书有一定的关系。他在诗中多处提到读书的益处,"读书有味身忘老""病需书卷作良医"等。

其次是茶,有学者认为,茶通六艺,茶是我国传统文化艺术的载体。孙思邈在《养性》《补益》等卷中提出:"人之所以多病,当由不能养性。"而品茶正是修身养性的最好方法。通过品茶,人们的精神得以放松,心境达到虚静空明,心情感到怡悦。

闲适第四

❀ 原典

蓬茅下诵诗读书，日日与圣贤晤语，谁云贫是病？樽罍边幕天席地，时时共造化氤氲，孰谓醉非禅？

❀ 评鉴

诵读圣贤之诗书，在精神上与圣贤进行沟通，这样的人物质上或许是贫穷的，但精神上一定是富有的。天为衾，地为席，兴致来了酣醉卧倒在飘落的花瓣面前，随时都能和天地融为一体，这样的情景谁能说不是禅呢？

❀ 原典

兴来醉倒落花前，天地即为衾枕。机息①坐忘盘石上，古今尽属蜉蝣②。

❀ 注释

①机息：机心止息。
②蜉蝣：一种生存期极短的虫子，传说朝生夕死。

❀ 评鉴

以天地为衾枕，这是何等的胸怀。万事都像落花一般无可索取，明白了这一点，自然可以放下心机。心中无所求取，又何处不自在呢？蜉蝣朝生暮死，人生又何尝不是？古今的种种纷争，怎能抵得住时间洪流？人世间的尔虞我

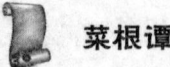
菜根谭

诈，真是可怜又可笑。有时间何不坐在磐石上，仰望天光云影，抛开心中的杂念，以清静和真实的内心，去看这天地间的众多美妙。

原典

昂藏①老鹤虽饥，饮啄犹闲，肯同鸡鹜之营营而竞食？偃蹇②寒松纵老，丰标自在，岂似桃李之灼灼而争妍！

注释

①昂藏：超群出众。
②偃蹇：高耸之义。

评鉴

"达则兼济天下，穷则独善其身"。儒家主张人们都要有社会责任感，当自己得志时，要照顾到天下，为天下人做贡献；不得志时，要洁身自好，修养自己品德，对不好的事、不好的人不要随波逐流，更不要同流合污，此段中的"老鹤""寒松"即是指这一类拥有高尚人格的人。

原典

吾人适志于花柳烂漫之时，得趣于笙歌腾沸之处，乃是造花之幻境，人心之荡念也。须从木落草枯之后，向声希味淡之中，觅得一些消息，才是乾坤的橐籥①，人物的根宗。

闲适第四

注释

①橐龠：古代冶炼用的风箱，谕指本源。

评鉴

想要寻得人生的真味，不为外界俗物所恼，是一门很深的学问，要做到这一点并不容易。《菜根谭》这段强调须向"木落草枯""声希味淡"之中寻求真正的人生真味，就是告诫我们，不要为花柳烂漫、笙歌腾沸的红尘物欲所牵累，而是向萧瑟之境、冷清之时去寻觅，这样，才算得上是"乾坤的橐龠，人物的根宗"。

原典

静处观人事，即伊吕之勋庸、夷齐之节义，无非大海浮沤；闲中玩物情，虽木石之偏枯、鹿豕之顽蠢，总是吾性真如①。

注释

①真如：佛教用语，指永恒存在实体。

评鉴

这段略有消极之意，人生在世，自当成就一番事业，方不空活一世，尤其是在竞争如此激烈的现代社会，若一事无成，就空谈看淡一切，显然是很不适合的。当然，对那

 **菜根谭**

些名利之心过于炽热的人来说,这段话倒是很值得深思的。

原典

花开花谢春不管,拂意事休对人言;水暖水寒鱼自知,会心处还期独赏。

评鉴

生活中的很多不如意,就算对别人倾吐,也是无济于事的,自己的心境,如鱼饮水,只有自己知道,别人又怎能完全领会?或许你会说,很多时候,我只是需要一个倾听者而已。可殊不知,活在这尘世中,每个人都有自己的不如意,哪有那么多闲情逸致去分担别人的烦忧。退一步讲,即使真有这样的知己好友愿意听你的倾诉烦恼,可你何忍让自己烦恼去影响好友的心情呢?

原典

闲观扑纸蝇,笑痴人自生障碍;静觇①竞巢鹊,叹杰士空逞英雄。

注释

①觇:暗中观察。

评鉴

有一个故事,讲的是一位艺术家一直想找一块檀香木

闲适第四

用来雕刻圣母像。就在他近乎绝望,以为自己的构思即将落空时,他做了一个梦,梦中被吩咐用一块烧火用的橡木雕刻圣母像。醒来后他立即照办,用一段普通的木柴创作出雕刻史上的一个杰作。许多人一心想找到檀香木用来雕刻,因此错过了许多宝贵的机会,实际上,我们用烧火用的普通木材就可以创作出杰作。

原典

看破有尽身躯,万境之尘缘自息;悟入无怀境界,一轮之心月独明。

评鉴

《坛经》中说:"不悟,即是佛是众生;一念若悟,即众生是佛。故知一切万法尽在自身心中,何不从于自心,顿现真如本性。"禅宗提倡讲顿悟,讲不立文字,在顿悟这一刹那"言语道断,心行处灭",也就是如果修行者在一念之间转变就可以成为佛。在禅宗看来,心分为两个层次来理解,心的本质是始终清净的,但是心的表相是可染可净的。

原典

木床石枕冷家风,拥衾时魂梦亦爽;麦饭豆羹淡滋味,放箸处齿颊犹香。

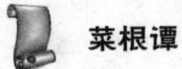菜根谭

评鉴

真味是淡,至人是常。恬静平淡,返璞归真。在风平浪静中,方能见人生之真境;在味淡声稀处,方能识心体之本然。

原典

谈纷华而厌者,或见纷华而喜;语淡泊而欣者,或处淡泊而厌。须扫除浓淡之见,灭却欣厌之情,才可以忘纷华而甘淡泊也。

评鉴

忘纷华而甘淡泊,说说很简单,可要做到谈何容易?即使有人天天把"淡泊"放在嘴上,也未必真的能身体力行。前几年被判处死刑的某贪官的办公室里就赫然挂着他自己书写的"淡泊可以明志"的横额,贪官也说"淡泊",这实际已经谈不上什么做官的行为准则,而是对"淡泊"的亵渎,是莫大的讽刺。

原典

"鸟惊心""花溅泪",怀此热肝肠,如何领取得冷风月;"山写照""水传神",识吾真面目,方可摆脱得幻乾坤。

闲适第四

评鉴

前文已经说过，中国古代文化有入世、出世之说，《菜根谭》这一段的前半句是指那些能入不能出者，后半段则是指真情真性，出入自如者。

原典

富贵得一世宠荣，到死时反增了一个恋字，如负重担；贫贱得一世清苦，到死时反脱了一个厌字，如释重枷。人诚想念到此，当急回贪恋之首而猛舒愁苦之眉矣。

评鉴

富贵如浮云，生不带来，死不带去，但临了却使人反增贪恋之欲，负重累累；贫贱得到的是清苦的生活，但却如释重枷，反生出释然，走得自在洒脱。

原典

人之有生也，如太仓之稊米，如灼目之电光，如悬崖之朽木，如逝海之一波。知此者如何不悲？如何不乐？如何看他不破而怀贪生之虑？如何看他不重而贻虚生①之羞？

注释

①虚生：徒然生存，白活。

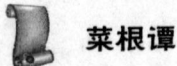
菜根谭

评鉴

不要以感伤的眼光回顾过去，因为过去的已经过去，再也不会回来，而人生的每一个阶段都有美好的地方，重要的是活在当下。"生年不满百，常怀千岁忧。昼短苦夜长，何不秉烛游？"

原典

鹬蚌相持，兔犬共毙，冷觑来令人猛气全消；鸥凫共浴，鹿豕同眠，闲观去使我机心顿息。

评鉴

"鹬蚌相争，渔翁得利"，"狡兔死，走狗烹"，这两个典故的道理人们都懂，但可悲的是，后来者却从没有断绝过。鸥与凫一起洗澡，鹿与猪一同睡觉，它们之间没有相互利用，也没有相互争斗，彼此就能和谐共处。

原典

迷则乐境成苦海，如水凝为冰；悟则苦海为乐境，犹冰涣作水。可见苦乐无二境，迷悟非两心，只在一转念间耳。

评鉴

是苦是乐，是迷是悟，全在于心念之间。"苦乐无二境，迷悟非两心"，事物是辩证的。睿智通达的人则总能化苦

闲适第四

为乐，无论身处顺境还是逆境，都能自如应对。

原典

遍阅人情，始识疏狂之足贵；备尝世味，方知淡泊之为真。

评鉴

看遍了人情的冷暖，才认识到旷达闲逸十足可贵；备尝了世间味道，才知道了恬淡寡欲实在真切。"疏狂""淡泊"确实是一种修养，一种人生处世、出世的态度。一种历经了冷暖、世态炎凉之磨难而后的感悟，一种境界。

原典

地宽天高，尚觉鹏程之窄小；云深松老，方知鹤梦之悠闲。

评鉴

洪应明之所以欣赏鹤梦的悠闲，推崇悠闲的人生，全是因白云、老松、闲鹤这些自然之物能全其天真，能远避祸害，而人如果能做到这样一种境界，自然也可以，趋吉避害，尽享天年。

原典

两个空拳握古今，握住了还当放手；一条竹杖挑风月，

 **菜根谭**

挑到时也要息肩。

评鉴

人活着之所以感到劳累疲惫，就是因为总被种种外在的事相所迷惑，总期望得到的越多越好，以致肩上的担子越来越重，连步子都迈不开了。

原典

阶下几点飞翠落红，收拾来无非诗料；窗前一片浮青映白，悟入处尽是禅机。

评鉴

飞翠落红，浮青映白，在有些文人骚客眼里看来，或许是伤春悲秋、抒发愁怀的景致，但在洪应明眼里，却是作诗的材料、悟禅的契机，读来让人倍感轻松。

原典

忽睹天际彩云，常疑好事皆虚事；再观山中闲木，方信闲人是福人。

评鉴

把嗜欲淡下来，可以消弭灾祸，增加福气。懂得"随遇而安""知足常乐"，才能心闲福亦多。

闲适第四

原典

东海水曾闻无定波,世事何须扼腕?北邙山①未省留闲地,人生且自舒眉。

注释

①北邙山:即邙山,因在洛阳之北,故名。东汉、魏、晋的王侯公卿多葬于此。故后人多以此地借指墓地。

评鉴

这正如一句名言所说的,世界上最宽阔的是海洋,比海洋宽广的是天空,比天空更浩瀚的是人的胸怀。人的胸怀正如阳光,可以照亮黑暗,正如田地,可以滋长善根,正如大海,可以容纳百川。

原典

天地尚无停息,日月且有盈亏,况区区人世能事事圆满而时时暇逸乎?只是向忙里偷闲,遇缺处知足,则操纵在我,作息自如,即造物不得与之论劳逸较亏盈矣!

评鉴

天地尚且在不停地运动,日月都有阴晴圆缺,更何况小小的人世,怎么能事事圆满而时时悠闲安乐呢?只要劳逸结合,知足守分,就可以把握自己的生活了。

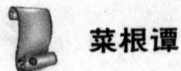 **菜根谭**

原典

"霜天闻鹤唳，雪夜听鸡鸣，"得乾坤清纯之气。"晴空看鸟飞，活水观鱼戏，"识宇宙活泼之机。

评鉴

从霜天鹤唳、雪夜鸡鸣、晴空鸟飞、活水鱼戏中，感受到自然界的清纯之气和活泼生机。看禽鸟对语，水天一色，顿觉心思活泼，气象宽平。

原典

闲烹山茗听瓶声，炉内识阴阳之理；漫①履楸枰②观局戏，手中悟生杀之机。

注释

①漫：这里指随便、随意。
②楸枰：指棋盘，古时棋盘多用楸木制作，故名。

评鉴

人生的大道理，往往就藏在生活的小细节中，只要善于发现，善于观察，善于思考，那么，不仅茶道、棋道可以悟出人生哲理，衣食住行，一切生活中的行为，都能让人领悟到大智慧。

闲适第四

原典

芳菲园林看蜂忙,觑破几般尘情世态;寂寞衡茅观燕寝,引起一种冷趣幽思。

评鉴

这里是说得到智慧的方法,不论身处闹市,还是僻居山林,只要用心观察,都能使自己有所启迪。

原典

心与竹俱空,问是非何处安脚?貌偕松共瘦,知忧喜无由上眉。

评鉴

我们平时生活中之所以总是还有很多的愤懑与不平,其根本原因也真就像洪应明说的那样——心里不空。

原典

趋炎虽暖,暖后更觉寒威;食蔗能甘,甘余便生苦趣。何似养志于清修而炎凉不涉,栖心于淡泊而甘苦俱忘,其自得为更多也。

评鉴

趋炎附势,虽然能得到了一时的好处,但说了那么多

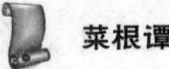
菜根谭

假话，做了那么多违心事，事后扪心自问，难道心中不觉凄凉？所以，不如立志于清贫，淡泊自守，这样反而会少一份世态炎凉的感叹，多一份人生意义的体验。

原典

席拥飞花落絮，坐林中锦绣团裀①；炉烹白雪清冰，熬天上玲珑液髓。

注释

①锦绣团裀：原指色彩鲜艳美丽的丝织品，这里用来形容美好的事物。

评鉴

《菜根谭》这段所说的境界是非常美的一种境界，也是一种十分难得的境界，不是什么人都能达到的，需要耐得住寂寞，稳得住心神，仔细品味生活、品味自然才能做得到。

原典

逸态闲情，惟期自尚，何事处修边幅；清标傲骨，不愿人怜，无劳多买胭脂。

评鉴

《菜根谭》这里推崇的是一种能保持清标傲骨而又有逸

闲适第四

态闲情的人生，是一种可以面对自我、不修边幅、素面朝天的生活。不事修饰，不愿人怜，但气度同样落落大方，自有风雅。如此，士君子即使是穷愁寥落，又岂会自惭形秽、自怨自艾？

原典

天地景物，如山间之空翠，水上之涟漪，潭中之云影，草际之烟光，月下之花容，风中之柳态。若有若无，半真半幻，最足以悦人心目而豁人性灵。真天地间一妙境也。

评鉴

走近大自然，融入大自然，如此能"得清气，悟禅机，豁性灵，助学识"。纵观古今，那些文化大家们能"意定如石，心清如水，身闲如云，情淡如烟，气阔如天，"无不缘于体察山川云物所致。

原典

"乐意相关禽对语，生香不断树交花"，此是无彼无此得真机。"野色更无山隔断，天光常与水相连"，此是彻上彻下得真意。吾人时时以此景象注之心目，何患心思不活泼，气象不宽平！

评鉴

从"禽对语"里悟出"乐意相关"，从"树交花"里

 **菜根谭**

悟出"生香不断","野色更无山隔断,天光直与水相通"是纯粹写作者对景物的感受,野色无边,水天一色,可以看出诗人通过景物透露出一种开朗的心情。

原典

鹤唳、雪月、霜天,想见屈大夫醒时之激烈;鸥眠、春风、暖日,会知陶处士醉里之风流。

评鉴

走进自然,拥抱自然,融入自然,倾听自然,感受自然,从自然中感悟事物的本质和自身的渺小与柔弱,不管是出世还是入世,只要不离自然,就都是美德。

原典

黄鸟情多,常向梦中呼醉客;白云意懒,偏来僻处媚幽人。

评鉴

大自然的一切都是那么的神奇、不可思议。在这广阔的天地中处处都充满着神秘和美丽,在风和日丽的时节放飞梦想,在夏日炎炎的时节撒一地清凉,在秋高气爽的时节卸下负担,昂首迎战冬天的严寒。

闲适第四

原典

栖迟①蓬户，耳目虽拘而神情自旷；结纳山翁，仪文虽略而意念常真。

注释

①栖迟：栖息停留。

评鉴

居住在简陋的房屋中，耳朵听到的和眼睛看到的虽然都会受到限制，但是人的神态、心情却感到开朗旷达；结交山中居民，礼仪虽然简略，但是他们的念头、感情却是率真的。

原典

满室清风满几月，坐中物物见天心；一溪流水一山云，行处时时观妙道。

评鉴

太白诗云："清风明月，不用一钱买。"东坡《赤壁赋》云："惟江上清风，与山间之明月，耳得之而成声，目遇之而成色，取之不尽，用之不竭，是造物者之无尽藏也。"太白东坡之言，信矣。然而现代人多为名利羁绊，虽有好时光，都付虚度，能知清风、明月、山水之乐者，世有几人？

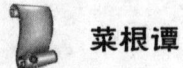 **菜根谭**

原典

炮凤烹龙①，放箸时与齑盐②无异；悬金佩玉，成灰处共瓦砾何殊。

注释

①炮凤烹龙：炮：烧；烹：煮。此语是形容菜肴极为丰盛、无奇不有。

②齑：捣酸菜和盐，代指贫穷。

评鉴

《菜根谭》这段话说的道理是，安分也是一种福，可惜这警策之言，现代人却没有多少能放在心上，一些不安分者依然把权当福、认钱为福、追色慕福，由此作威作福，把"安分养福"践踏得一塌糊涂，也把自己的"人生之福"糟蹋得面目全非。漫漫人生，其实只是沧海一粟。有了现实生活中一系列刻骨铭心的教训，我们更应该懂得"安分是福"。

原典

"扫地白云来"，才着工夫便起障。"凿池明月入"，能空境界自生明。

闲适第四

评鉴

这段话是作者洪应明学道、悟道的心得，意思是只有破除对人间事物的迷恋和执着，才能真正地产生向道之心。日月有盈亏，人间之事，亦是不如意者十居其八九，我们何必太过执着痴迷，不妨忙里偷闲，于遗憾处懂得知足，则生活就会快乐许多！

原典

造化唤作小儿，切莫受渠戏弄；天地丸为大块，须要任我炉锤。

评鉴

在古老的欧洲有一则寓言：在意大利威尼斯城的小山上，住着一位智慧老人，他能回答任何人的问题。当地的两个小孩想要愚弄一下这位老人，他们捉了一只小鸟，就去找他。见到智慧老人，一个小孩手里握着那只小鸟就问："您是无所不知的智慧老人，那我手上的小鸟，是死的还是活的？"老人不假思索地说："孩子，如果我说鸟是活的，你就会攥紧你的小手把它捏死；如果我说鸟是死的，你就会把手松开让它飞走。你知道，你的手掌握着这只鸟的生死大权。"

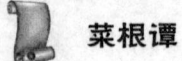 **菜根谭**

原典

想到白骨黄泉，壮士之肝肠自冷；坐老清溪碧嶂，俗流之胸次亦闲。

评鉴

想到灰白尸骨、黄泉路下，豪壮勇士的忠肝刚肠自然冷落；因为经常面对清澈溪流碧绿山嶂，庸俗之辈的胸襟心怀也会闲逸。"坐老"是一种禅定的方法，事实上对高明的禅师而言，禅定并无一定之形式和方法，不一定非要"坐老"，所谓"行亦禅，坐亦禅，语默动静体安然"。

原典

夜眠八尺，日啖二升，何须百般计较；书读五车，才分八斗，未闻一日清闲。

评鉴

"夜眠八尺，日啖二升"，不是放弃追求物质生活的理由。这里说的只是少一分计较，多一分宽容罢了。

"书读五车，才分八斗"，就要做出一番成绩。

概论第五

🔶 原典

君子之心事,天青日白,不可使人不知;君子之才华,玉韫珠藏,不可使人易知。

🔶 评鉴

古代对君子的一个基本要求就是心底无私。"君子坦荡荡,小人长戚戚",真君子,坦诚无私的人,无私无畏,没有什么不可告人的心思。另一方面,有才华固然是好事,但不应锋芒毕露,使人有咄咄逼人之感,过于表现自己的才华、能力,易招来猜疑嫉妒,或者留下浮夸不实之象。

🔶 原典

耳中常闻逆耳之言,心中常有拂心之事,才是进德修行的砥石。若言言悦耳,事事快心,便把此生埋在鸩毒中矣。

🔶 评鉴

人生如东逝的流水,若流淌在平坦的河床,水势必定平直,只有迎向暗礁,生命之水才会激起灿烂的浪花。

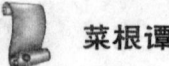 **菜根谭**

逆境是福,事事快心的顺境使人们看到鲜花和笑脸,而喜欢喜悦浸润的心灵往往承受不起太大打击的负荷。迎向苦难,虽处逆境,但可使人尝遍人间酸甜苦辣,感受世态冷暖炎凉,每经历一次苦难就多一层对生活的领悟,更了解人生的真谛。

原典

疾风怒雨,禽鸟戚戚;霁月光风,草木欣欣,可见天地不可一日无和气,人心不可一日无喜神[①]。

注释

①喜神:喜庆之神,这里是比喻快乐的心情。

评鉴

无论我们处在什么样的环境中,环境本身并不能决定我们快乐与否,我们对周围环境的反应才能决定我们的感觉。

可是生活中,总有人喜欢沉浸在悲伤之中不能自拔,他们终日哀叹所失去的,把自己弄得痛苦不堪,却忘了享受眼前的生活,这是不值得的。

原典

醲肥[①]辛甘非真味,真味只是淡;神奇卓异非至人,至人只是常。

注释

①醲肥:浓烈肥美。

评鉴

做人首先要学会审视自己,承认自己是个普通人,承认自己有不如别人的地方,承认自己只能做好一些事情,不论是在现实还是在网络,都以普通人自居,知道这个世界没有了谁都一样存在,放下那些虚无缥缈却沉重的精神枷锁,你就会发现自己原来可以轻松地活着。

原典

夜深人静独坐观心;始知妄穷而真独露,每于此中得大机趣;既觉真现而妄难逃,又于此中得大惭忸①。

注释

①惭忸:惭愧。

评鉴

坐下来反省自己,经常性地自己对自己做一做心理剖析,这样的事情不知道还有几个人愿意去做。但是如果你能这样去做,你就能更正确地认识自己。大家都觉得了解别人走进别人的心是一件不容易的事情,其实了解自己又何尝是一件容易的事情,就像刻在德尔斐的阿波罗神庙的

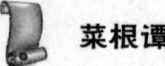 **菜根谭**

三句箴言之一所说的：认识你自己。

原典

恩里由来生害，故快意时须早回头；败后或反成功，故拂心处切莫放手。

评鉴

也许有人会觉得奇怪，处在别人恩惠与宠爱里面，人家对你好，怎么还会有危险？其实，仔细想想，这是有道理的。

首先，恩惠是一种别人给予的额外的好处。"非分之福，不好消受"，它起码会阻遏你的进取精神。

其次，你得到了恩惠，就有人没有得到。没得到的是否会用各种手段来对你不利？

第三，恩惠因为是额外的，所以，它少有白白给予的。施恩的人，要你怎么报恩，用什么来报恩。报恩的方式不对，往往会给自己和别人带来麻烦甚至灾难。

原典

藜口苋肠①者，多冰清玉洁；衮衣玉食②者，甘婢膝奴颜。盖志以淡泊明，而节从肥甘丧矣。

注释

①藜口苋肠：藜和苋是两种可食生物，这里泛指贫者

所吃的粗劣菜蔬。

②衮衣玉食：华服美食。

评鉴

甘于淡泊之士，其情操往往冰清玉洁，高官显贵、锦衣玉食的人，却甘心卑躬屈膝、阿谀奉承、丧失原则。所以说，只有淡泊自守，才能保持高尚的志气和节操，也就是非淡泊无以明志。为什么这样说呢？因为淡泊能使人清心寡欲，从而超越短浅的功利目标，建立更加高远的人生志向。

原典

面前的田地要放得宽，使人无不平之叹；身后的惠泽要流得长，使人有不匮之思。

评鉴

清代学者张潮有一句话："律己宜带秋风，处事宜带春风。"让我们多一些长远的眼光，少一些狭隘的想法；多一些磅礴大气，少一些小肚鸡肠；多一些理解、宽容，少一些埋怨。这才是现代有为之人所必备的气质和胸怀。

原典

路径窄处留一步，与人行；滋味浓的减三分，让人嗜。此是涉世一极乐法。

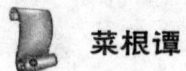 **菜根谭**

评鉴

在狭窄的路上行走,要留一点余地让别人走;遇到美味可口的食物,要留出三分让给别人吃。这就是一个人立身处世最快乐的方法。常有些所谓厄运,只是因为对他人一时的狭隘和刻薄,而在自己的前进道路上自设一块绊脚石罢了;而一些所谓的幸运,也是因为无意中对他人一时的恩惠和帮助而拓宽了自己的道路。

原典

做人无甚高远的事业,摆脱得俗情①便入名流;为学无甚增益的工夫,减除得物累便臻圣境。

注释

①俗情:指世俗中不高雅的情感。

评鉴

其实,人就这么简单,人生就这么简单,能通达,能超越,心里就有平常境界。心有平常境界,就是平常心。有了平常心,身心就康健,灵魂里就生出许多清净,脑袋里就减却许多纠缠,就是健康人;心态平和,简单朴素,就能超然物外,不为物所奴役。

概论第五

原典

宠利毋居人前，德业毋落人后，受享毋逾分外，修持毋减分中。

评鉴

古人云："德业常看胜我者，则愧耻自增；福禄常看不如我者，则怨尤自息。"这段话的意思和《菜根谭》此段是差不多的，换成现代的说法，就是雷锋同志说过的一句名言："在工作上，要向积极性最高的同志看齐，在生活上，要向水平最低的同志看齐。"再通俗一点说，就是要"吃苦在前，享受在后"，这是成大事的一个基本标准。

原典

处世让一步为高，退步即进步的张本；待人宽一分是福，利人实利己的根基。

评鉴

生活中难免有不如意，若能忍耐一下，退一步去对待，也许就会峰回路转了。如果你掌握了生活中退一步的智慧，也就能避免许多不必要的灾祸。

就像现在人们所说的"垃圾人"，如果遇到这种人，千万不要与其发生冲突，因为与其争斗的结果是你的成本太高。

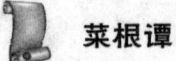 菜根谭

原典

盖世的功劳,当不得一个矜字;弥天的罪过,当不得一个悔字。

评鉴

这一段有两层意思:一层是说"戒骄",另一层是说"悔罪"。关于戒骄的道理一般易为人们所接受,但是要真正做到"悔罪"则并不容易。

人非圣贤,孰能无过?问题在于,有了过错怎么办?正确的态度当然应该像孔子说过的:"过则勿惮改。"

一个人有了过错,真心悔过,把过改过来就好了。一个有道德的人,就要有公开承认自己错误的勇气,这不仅不会降低自己的威信,反而会提高威信,这就是所谓的"弥天罪过,当不得一个悔字"!

原典

完名美节,不宜独任,分些与人,可以远害全身;辱行污名,不宜全推,引些归己,可以韬光养德。

评鉴

一个有修养的人,应该知道居功之害。同样对那些可能玷污行为和名誉的事,也不应该全部推诿给别人。

公元前196年,黥布反叛,汉高祖亲自率军征讨。

概论第五

萧何为了避免兔死狗烹，只好自泼污水，作践自己。广置田宅，恣意享受，刘邦不仅不生气，还对他更为信任。

这反映出中国古代政治道德的困境。伴君如伴虎，做大臣的，廉洁不一定好，贪贿也不一定坏，皇帝判断你的标准随时在变化。

原典

事事要留个有余不尽的意思，便造物不能忌我，鬼神不能损我。若业必求满，功必求盈者，不生内变，必招外忧。

评鉴

世事如浮云，循环往复，瞬息万变。《周易·复卦·象辞》上说："复，其见天地之心乎""日盈时昃，月盈则食"。儒家从周而复始的自然变化中得到心灵的启示："无来不陂，无往不复。"即人生变故，犹如水流，事盛则衰，物极必反。

原典

家庭有个真佛，日用有种真道，人能诚心和气、愉色婉言，使父母兄弟间形体万倍也。

评鉴

"至诚足以化育万物"，任何家庭，任何人，随时都要以诚为本，一诚既立，怀疑、纷乱、贪心、懈怠、轻急都可完全清除。程颐说："以诚感人者，人亦以诚而应；

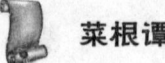 菜根谭

以术驭人者,人亦以术而待。"从修身齐家、待人接物以至经世济民,一皆以诚而立,不诚则天下没有可成之事,家庭内亦是如此。

原典

攻人之恶毋太严,要思其堪受;教人以善毋过高,当使其可从。

评鉴

每个人都有过失,即使是伟人也不例外,所以在与人交往的时候,应以诚相等,对别人的缺点不要当面指责,最好做到"打人不打脸,骂人不揭短"。

《呻吟语》中说:"责人要含蓄。"意即在指责他人过失时,最好不要一次把心中想要说的话完全表达出来。这是从政治生涯中总结出来的名训。

此外,《呻吟语》还指出:"指责他人之过,需要稍作保留。不要直接地攻击,最好采用委婉暗示的譬喻,使对方自然地领悟,切忌露骨直言。"他还说:"即使是父子关系,有时挨了父亲的骂,也会无法忍受而顶嘴,更何况是别人呢?"父子有血缘关系,无论如何不能割舍,但朋友间就有可能因过激的言辞断送友谊。不揭短,不打脸就是给别人和自己都留下了退路。

概论第五

原典

粪虫至秽变为蝉,而饮露于秋风;腐草无光化为萤,而耀采于夏月。故知洁常自污出,明每从暗生也。

评鉴

歌里唱得好,"英雄不怕出身太单薄",老话也说"将相本无种,男儿当自强",可见一个人不必为了自己出身微贱而自卑,更不必为生活环境不好而苦恼。不但如此,相反的,生活环境越好越容易使人腐化堕落。因为人性也跟物性相同,越是温暖或暑热的地方,东西越容易酸臭腐败,反之寒冷的地方,却能使东西保持长久新鲜。人也是如此,在清苦的环境中,最容易激发人的斗志。古今中外很多伟人,都是从他们青少年时代的艰苦环境中奋斗成功的,此即所谓"洁常自污出,明每从暗生也"。

原典

矜高倨傲,无非客气①,降伏得客气下,而后正气伸;情欲意识,尽属妄心,消杀得妄心尽,而后真心现。

注释

①客气:指并非出自真诚的虚伪言行。

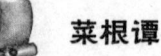

菜根谭

评鉴

人的头脑产生客气和妄心、正气和善心，实属正常。但能不能抑制、消除客气和妄心，培养、弘扬正气和善心，这就是人与人的差别了。有些人能够管住自己，做事不出格，这是正常的人。如果不仅把握住，而且能不断提升自己，这就是贤人了。相反，如果把握不住自己，就会成为不正常的人，成为小人甚至是坏人。现在，人们常说的"做人得有底线"，就是正常人的底线。

原典

饱后思味，则浓淡之境都消；色后思淫，则男女之见尽绝。故人当以事后之悔，悟破临事之痴迷，则性定而动无不正。

评鉴

吃饱了再看美味佳肴，味道再美都不会再有食欲；刚经过房事的男女，就不会再有情欲的念头。所以假如人们能常用事后的悔悟，来作为一件事情开始时的判断参考，那就可以减少错误而恢复聪明的本性。这样做事有了原则，一切行动自然都会合乎义理。

原典

居轩冕①之中，不可无山林的气味；处林泉之下，须要

概论第五

怀廊庙的经纶。处世不必邀功,无过便是功;与人不要感德,无怨便是德。

注释

①轩冕:古制大夫以上的官吏,在出门时都要穿礼服坐马车,马车就是轩,礼服则就是冕。

评鉴

人生在世不必想方设法去争取功劳,其实只要没有过错就算是功劳;帮助他人不必希望对方感恩图报,只要对方不怨恨自己就算知恩报德了。

原典

忧勤是美德,太苦则无以适性怡情;淡泊是高风,太枯①则无以济人利物。

注释

①枯:这里当不近人情讲。

评鉴

人的身体里的确潜藏着巨大的潜能,这种潜能所爆发出来的力量常常会让人惊讶,但人毕竟是人,不是全能的上帝,那种"事必躬亲"的"忧勤"精神虽然可嘉,可到头来却未必有好的结果。人对于分内之事的确要全力以赴,但是对于与生

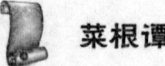 **菜根谭**

俱来的本然之性也应该善加维持,太苦或太枯就失去了生活乐趣。要自然,保持自我才对。

原典

事穷势蹙①之人,当原其初心;功成行满之士,要观其末路。

注释

①事穷势蹙:指穷途末路。

评鉴

生活中成功的人固然有,失败的人也不少。可耀眼的花环总是戴在成功者头上,失败者面临穷途末路。俗话说,不以成败论英雄,我们应当客观地看待失败者,想想他做事之初的本意。一时的得失,并不能决定一个人一生的成败。看待成功者,也应该是"盖棺始能论定",一个功成名就的人,如果不珍惜自己的名声,为一时之利益而走入歧路,那么他的成功很可能就是失败的开始。

原典

富贵家宜宽厚而反忌克①,是富贵而贫贱,其行如何能享?聪明人宜敛藏而反炫耀,是聪明而愚懵,其病如何不败!

注释

①忌克：指为人刻薄善妒。

评鉴

富贵之家，待人接物应该宽容仁厚；聪明的人，应该收敛锋芒。这段话强调的是做人做事要保持宽容与低调。

原典

人情反覆，世路崎岖。行不去，须知退一步之法；行得去，务加让三分之功。

评鉴

为人处世，难免会碰到一些自己力所不能及的事情，这个时候，如果你因为好胜心或勉强答应别人而去做，那么结果只能是失败。这个时候我们与其硬撑，勉强自己，倒不如勇敢地后退一步，这于人于己都大有益处。

原典

待小人不难于严，而难于不恶；待君子不难于恭，而难于有礼。

评鉴

《呻吟语》的作者吕坤说："处小人，在不远不近之

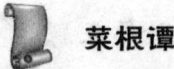 **菜根谭**

间。"过分地接近小人,对自己而言是一种负担,冷落了他,又会招致嫉恨,不知其心怀何鬼胎。所以,保持适当的距离才是上策。

原典

宁守浑噩而黜聪明,留些正气还天地;宁谢纷华而甘淡泊,遗个清名在乾坤。

评鉴

这段所说的"正气"和"清名",都是指人的一种本真之性,即不被权势物欲所熏染的本真之性。一个人有了这份本真之性,就能在关键时刻显出高尚的人格魅力。如南宋末年的抗元英雄文天祥、明代抗清英雄史可法,都是力挽狂澜于既倒的民族英雄。他们明知不可为而偏为之,可以说是"宁守浑噩而黜聪明"的典型代表,而他们身上所具有的精神就是这里所说的"正气"和"清名"。

原典

降魔者先降其心,心伏则群魔退听①;驭横②者先驭其气,气平则外横不侵。

注释

①退听:退让顺从。
②驭横:控制强横无礼的外物。

评鉴

人做荒唐事,大多是在某种欲念的引领、甚至"强迫"下做的。所以,人们习惯于把那些无法遏制的欲念比喻成魔鬼。假如想不去做荒唐的事情,那首先就得降伏这个魔鬼。而要降伏这个魔鬼的唯一办法,就是要敢于自审与自省。只有深刻的自审与自省,才能够把产生魔鬼的内心世界清理干净。

原典

养弟子如养闺女,最要严出入,谨交游。若一接近匪人,是清净田中下一不净的种子,便终身难植嘉苗矣。

评鉴

"昔孟母,择邻处。子不学,断机杼。"(《三字经》)"孟母三迁"的故事已经是妇孺皆知的了。其实,它正好以生动形象的方式表达了《菜根谭》这段"谨交游"的思想。

荀子说:"品质高尚的人居住一定要选择地方,交游一定要选择朋友,这是为了远离歪风邪气而接近仁义道德。"(《劝学》)

原典

欲路上事,毋乐其便而姑为染指,一染指便深入万仞;理路上事,毋惮其难而稍为退步,一退步便远隔千山。

菜根谭

评鉴

人在世上，修身不易。滚滚红尘，声色犬马，荣华富贵，金钱权势，无处不是诱惑。人要往欲路上走，实在是太容易，要拒绝诱惑的确不易。但是，不能拒绝也要拒绝。如不拒绝，一染指便深入万仞，从此滚滚欲海载沉载浮，再也难以爬到岸上。

原典

念头浓者自待厚，待人亦厚，处处皆厚；念头淡者自待薄，待人亦薄，事事皆薄。故君子居常嗜好，不可太浓艳，亦不宜太枯寂。

评鉴

做人平凡但不平庸，行事低调但不低沉，生活讲究质量但不奢华。做什么事都要有一个度，如何把握呢？关键是要做到量体裁衣、量力而行。就拿对待钱财来说吧，既不要做葛朗台式的守财奴，也不要做《项链》里的虚荣妇。再比如待人接物，既不可过分积极，但也不能太过冷漠。在生活，则应该是潇洒但不轻浮，脱俗但不虚伪，高调但不炫耀。

原典

彼富我仁，彼爵我义①，君子故不为君相所牢笼；人定

概论第五

胜天，志一动气，君子亦不受造化之陶铸。

🐉 注释

①彼富我仁，彼爵我义：出自《孟子》一书："晋、楚之富不可及也。彼以其富，我以吾仁；彼以其爵，我以吾义，吾何慊乎哉？"

🐉 评鉴

这一段为我们描绘了一个地道的大丈夫人格。

亚圣孟子在《滕文公下》中有这样一段记述：

景春曰："公孙衍，张仪岂不诚大丈夫哉？一怒而诸侯惧，安居而天下熄。"

孟子曰："是焉得为大丈夫乎？子未学礼乎？丈夫之冠也，父命之；女子之嫁也，母命之，往送之门，戒之曰：'往之女家，必敬必戒，无违夫子！'以顺为正者，妾妇之道也。居天下之广居，立天下之正位，行天下之大道。得志，与民由之，不得志，独行其道。富贵不能淫，贫贱不能移，威武不能屈，此之谓大丈夫。"

孟子首先不承认热衷功名、攀附权贵、善挑争端的公孙衍、张仪之流为大丈夫，继而提出了他的大丈夫人格标准："居天下之广居，立天下之正位，行天下之大道。"

🐉 原典

立身不高一步立，如尘里振衣、泥中濯足，如何超达？

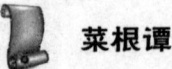 **菜根谭**

处世不退一步处,如飞蛾投烛、羝羊触藩,如何安乐?

评鉴

这一段前半部分是讲立志要高调。自古以来,凡成大事者,无不是立高远之志。

这一段后半部分是讲处世要做好退一步的打算,如果遇事不想好退路,做什么都是一往无前,那么,肯定是无法得到安乐的生活的。

原典

学者要收拾精神并归一处。如修德而留意于事功名誉,必无实谊;读书而寄兴于吟咏风雅,定不深心。

评鉴

求取学问一定要排除杂念集中精神,专心致志从事研究,如果立志修德却又留意功名利禄,必然不会取得真实的造诣;如果读书不重视学术上的探讨,只把兴致寄托在吟咏诗词讲求风雅上,那一定不会深入进取而取得心得。

原典

人人有个大慈悲,维摩①屠剑②无二心也;处处有种真趣味,金屋茅檐非两地也。只是欲闭情封,当面错过,便咫尺千里矣。

注释

①维摩:梵语维摩诘简称,维摩诘是印度的大德居士,与释迦牟尼同时人,辅佐佛来教化世人,被称为菩萨化身。

②屠刽:指职业的刽子手。

评鉴

孟子认为:"人皆有不忍人之心","无恻隐之心,非人也;无羞恶之心,非人也;无辞让之心,非人也;无是非之心,非人也。"而这些基本的人性其实就是人类社会道德的基础,"恻隐之心,仁之端也;羞恶之心,义之端也;辞让之心,礼之端也;是非之心,智之端也"。这种性善论至少包含三层积极意义:一是启迪人们向上的自信;二是鞭促人们向上的努力;三是促使人们与人为善、多做善事。

原典

进德修行,要个木石的念头,若一有欣羡便趋欲境;济世经邦,要段云水的趣味,若一有贪著便堕危机。

评鉴

对于现代人来说,身处各种诱惑之中,若想通过磨炼心性提高道德修养是不太容易的。要想有所得,关键在于"心定"。在诱惑面前,要有木石一般坚定的心境,任富贵权势、功名利禄都不能拂动修德的心,仿佛此生从不需要这

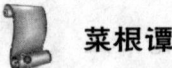
菜根谭

些一样。而诱惑之门不能稍开，一旦把持不住自己，一而再，再而三为欲望所俘虏，就会陷入欲念的包围之中，修行也就会枉费工夫了。

原典

肝受病则目不能视，肾受病则耳不能听。病受于人所不见，必发于人所共见。故君子欲无得罪于昭昭[①]，先无得罪于冥冥[②]。

注释

①昭昭：明显可见的意思。
②冥冥：昏暗不明的意思。

评鉴

一旦有了龌龊、邪恶心思，首先你的心理就已经开始异化，平日里表现在脸上也是肯定的。人们可能不清楚你到底是怎么回事，但根据你的形容神色会对你有个评价。好色者目光如蝇，窃物者神色如鼠，这是真的。

所以，人若想活得舒心，那就不要在背地里生见不得人之念、行见不得人之事。

原典

福莫福于少事，祸莫祸于多心。惟少事者方知少事之为福；惟平心者始知多心之为祸。

概论第五

评鉴

人生最大的幸福莫过于没有无谓的牵挂,而最大的灾祸莫过于多疑猜忌。只有每天无事而清闲之人,才能真正体味无事清闲的幸福;只有心宁气平的人,才真正理解疑神疑鬼的祸患。

只有在内心去私心、存天理,才能以道义公正的心去待人处世,而这样做,灾祸自然就不会临身了。

原典

处治世宜方,处乱世当圆,处叔季之世当方圆并用。待善人宜宽,待恶人当严,待庸众之人宜宽严互存。

评鉴

人生是一门方与圆平衡的艺术!掌握方与圆平衡的艺术,为人处世立于不败之地!

想一想中国古代的铜币,为什么里面是方形,而外面是圆形呢?实际上,这里面就喻示了一个古老而又精妙的哲理。外圆可减少阻力,便于流通提携;内方可一线贯通,秩序井然。"取象于钱,外圆内方",做人做事的道理尽在其中。

方是刚,圆是柔。方是原则,圆是机变。方是以不变应万变,圆是以万变应不变。方外有圆,圆内有方。外圆内方,可谓人生的最高境界。

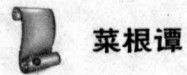

菜根谭

原典

我有功于人不可念，而过则不可不念；人有恩于我不可忘，而怨则不可不忘。

评鉴

在日常生活中，凡是别人帮过你的，一定不要忘记，要懂得报恩。而如果你帮助过别人，就不要奢求回报了。如果你刻意要求回报，你先前的这份情感投资就成了注水的猪肉！你最终不会得到任何好处。别人得罪了你，本是一件芝麻大的事，笑一笑就过去了，你却怨气难平，好像对方在故意刁难，于是把小火星烧成冲天大火，若如此，你的人际关系会糟糕得不可收拾，大家见了你就绕道，唯恐避之不及！等你遇见困难、摔了跟头，谁还会帮你？

原典

心地干净，方可读书学古。不然，见一善行，窃以济私；闻一善言，假以覆短[1]。是又藉寇兵而赍盗粮[2]矣。

注释

①覆短：护短。

②赍盗粮：送粮食给盗贼，比喻做危害自己的蠢事。

概论第五

评鉴

古人说，"至乐莫如读书"，读书是一件令人感到快乐的事，也是人生中最重要的一件事。学会读书，是一个求知上进的人必须经过的一关，而把读书融入生活中，更是最好的充实丰富精神食粮的方式。

原典

奢者富而不足，何如俭者贫而有余。能者劳而府怨，何如拙者逸而全真。

评鉴

"奢者富而不足"这是真的，凡是奢侈的人，多数都是贪婪的人，他的需求决定他无论多富有都不会满足；"俭者贫而有余"，节俭的人大多守住已有的财富，生活上也没有太多欲望，或者能克制自己的欲望，所以，即使贫穷，也觉得很知足。"能者劳而府怨"这也是事实，所以世上才有"任劳任怨"的道德评价。洪应明的态度是，宁可装傻而不"任"事，从而不让怨念集聚在自己身上，这一点在乱世或者在一定社会背景中也许有点道理，但在现代社会，显然是有点不合时宜的。

原典

读书不见圣贤，如铅椠佣①。居官不爱子民，如衣冠盗。

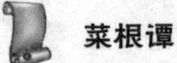 **菜根谭**

讲学不尚躬行，如口头禅②。立业不思种德，如眼前花③。

注释

①铅椠佣：铅，铅粉笔；椠，木板片。铅椠佣，指雇用来书写的人。

②口头禅：佛教用语，指不能领会禅宗哲理，只引用他人的常用语以为谈话的点缀，称之为"口头禅"。

③眼前花：瞬即凋谢的花朵，比喻一时的荣华。

评鉴

《菜根谭》这一段用现代人的思维来理解，可以分为这么几条：

其一，学习传统文化，读经典书籍，如果不能将其中圣贤教诲内化到生命的底蕴中去，那么就只能算是一个抄书匠，根本无法从中汲取真正有用的智慧。

其二，对为官从政的人来说，爱护人民，全心全意为人民服务，是最基本的要求，如果连这都做不到，那其实跟那些穿着有模有样的盗贼就没什么区别了。

其三，传道授惑，身为人师，如果不注重所教授的学问，不以身作则，就只是华而不实、夸夸其谈。

其四，立身处世，成就一番事业，如果没有长远的眼光，只把利益放在心中，而不勤修功德，那这样的事业只会如昙花一现而逝。

概论第五

原典

人心有部真文章，都被残编断简封固了；有部真鼓吹，都被妖歌艳舞湮没了。学者须扫除外物直觅本来[1]，才有个真受用。

注释

[1]本来：指人本有的心性。

评鉴

每个人的心里都有一篇真正的好文章，可惜却被内容庸俗的杂乱文章给遮挡了；每个人的心灵深处都有一首最美妙的乐曲，可惜却被一些妖邪的歌声和淫靡的舞蹈给迷惑了。所以做学问的读书人，必须排除一切外来物欲的引诱，直接用自己的智慧寻求最自然本性，如此，才能求得一生受用不尽的真学问。

原典

苦心中常得悦心之趣；得意时便生失意之悲。

评鉴

物质的清苦算不得什么，相反，那正是有志之士、贤人君子上进的砥砺石。只要时常把仁义道德作为追求，那么什么苦中都能得到悦心之趣，这种安贫乐道的精神是《菜

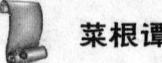 **菜根谭**

根谭》全书不断提及的。人处在得意之时,更要慎重德行,要想到可能遇到的危险,谨防乐极生悲,志得意满时狂妄自大、目空一切是最能招致灾祸的行为表现。

原典

富贵名誉自道德来者,如山林中花,自是舒徐①。繁衍自功业来者,如盆槛中花②,便有迁徙废兴。若以权力得者,其根不植,其萎可立而待矣。

注释

①舒徐:从容不迫之意。
②盆槛中花:形容受到约束的人或物。

评鉴

古人强调道德是事业的基础。立业如果不思养德,事业就没有根基。人的富贵名誉也是如此,要靠道德的涵养,不能靠权势或其他的东西来获得和长久保持。当然,事业的成败也决定于个人才能,只是,相比而言,"德"是主要的。孔子说:"骥不称其力,称其德也。"就是指"对于千里马,不称赞它的力气,要称赞它的品质"。尚德不尚力,重视品质超过重视才能。这是古代儒家一贯的人才思想,也是我们今天选人用人的一个基本原则。

概论第五

原典

栖守道德者，寂寞一时；依阿权势者，凄凉万古。达人观物外之物，思身后之身，宁受一时之寂寞，毋取万古之凄凉。

评鉴

正所谓，"古来圣贤皆寂寞"，一个人只有守得寂寞，才能不为外界所惑，平静躁动的心灵，驯服狂乱的思绪，把无休止的欲望归于最有价值的地方，从而成就一番真正的事业。

原典

春至时和，花尚铺一段好色，鸟且啭①几句好音。士君子幸列头角②，复遇温饱，不思立好言、行好事，虽是在世百年，恰似未生一日。

注释

①啭：形容鸟鸣声或乐曲声。
②幸列头角：侥幸崭露头角。

评鉴

老话说得好，"豹死留皮，人死留名"。人的一副皮囊使用不满百岁，但是声名却可以流传千古。有才德的君

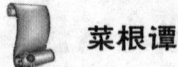
菜根谭

子怕的是生前无人称扬，死后亦无人称道，而他们所追求的"名"也并非指浮名虚誉，而是指真正为民众立德、立功、立言，做出非凡贡献，为人所崇敬所怀念的善名实誉。

原典

学者有段兢业的心思，又要有段潇洒的趣味。若一味敛束清苦，是有秋杀无春生，何以发育万物？

评鉴

做学问的人，有兢兢业业、毫不怠惰之心，这当然很好，但不是这样就够了，还必须要有潇洒超脱的趣味，以此调节自己的生活。相反，如果一味清苦的话，总是如秋天的气候一样，寒冷肃杀，使万物凋零枯死。天造四时，有春有秋，春气温润滋长万物，有发育成长的生机，而修养学问也和春天的气候一样，使它发荣滋长蒸蒸日上，然后有了成就，这才谈得上救世益民。

原典

真廉无廉名，立名者正所以为贪；大巧无巧术，用术者乃所以为拙。

评鉴

所谓"大巧无巧术"，也就是我们常说的"大巧若拙"。有大智慧的人，不显山露水，不卖弄聪明，表面上看

概论第五

起来很愚笨,其实却很聪明。有句俚语说得生动:"面带猪相,心头嚓亮。"

卖弄小聪明只是自作聪明,卖弄机巧更是愚不可及,因为这样违背了自然无为的生活态度。只有抛弃机巧才是大巧,老子就说:"大直若屈,大巧若拙,大辩若讷。"苏东坡则补充说:"大勇若怯。大智若愚。"

原典

心体光明,暗室中有青天;念头暗昧,白日下有厉鬼。

评鉴

世上万物都是从我们的心里"生"出来的。只要我们的心和谐了,周围的世界也就和谐了;我们的心干净了,周围的世界也就干净了。如果你内心充满了阳光,那么你眼里看到的一定是一片光明;反之,如果你内心阴暗,那么你的世界也一定是晦暗的。

原典

人知名位为乐,不知无名无位之乐为最真;人知饥寒为忧,不知不饥不寒之忧为更甚。

评鉴

什么是真正的快乐?不被名声、地位所牵累,拥有一颗普通人的心才是真正的快乐。什么是真正的忧愁?人们

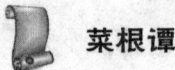 **菜根谭**

只知道吃不饱、穿不暖令人忧愁,其实那些没有饥寒之苦的人精神上的空虚、忧愁更为痛苦。

原典

为恶而畏人知,恶中犹有善路;为善而急人知,善处即是恶根。

评鉴

行善自然是好的事情,任何人都应该努力为善,但是如果在做了善事后,却希望人家尽快知道,这就不是真心为善,而是为了虚名或野心,这样的善行掩藏着恶的种子,很可能为自己种下恶果。

原典

天之机缄①不测,抑而伸、伸而抑,皆是播弄英雄、颠倒豪杰处。君子只是逆来顺受、居安思危,天亦无所用其伎俩矣。

注释

①机缄:机运,气数。

评鉴

人生不如意事十之八九,顺心事总是过眼云烟,逆境与危机不可避免,我们要学会坦然接受,欣然承受,把压力化为动力,把危机化为转机。这里有一个心态问题,心态宜平稳,既不要被动消极,也不要以为世界末日到了,要相信事在人为,人定胜天,扼住命运的喉咙,把控制权牢牢地掌握在自己的手中。

原典

福不可邀,养喜神以为招福之本;祸不可避,去杀机以为远祸之方。

评鉴

幸福不可强求,只要坚持与人为善的处世态度,就是给获得幸福奠定了基础;灾祸难以避免,自己不存害人之心,也不忽略别人的害己之意,时时事事小心提防,这就是避免祸事的方法。

原典

十语九中未必称奇,一语不中,则愆尤①骈集;十谋九成未必归功,一谋不成则訾议②丛兴。君子所以宁默毋躁、宁拙毋巧。

注释

①愆尤:过失,罪责。
②訾议:非议,责难。

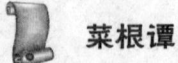 菜根谭

评鉴

　　这里需要指出的是,洪应明的"宁默毋躁、宁拙毋巧",并不是让我们什么都不说、什么都不做,而是提醒我们做人做事要沉稳厚重。讨论问题的时候,没有把握,就不要轻易发表见解;处理事务的时候,不要随便采取行动,一定要谨慎从事,不做则已,做必全功。

原典

　　天地之气,暖则生,寒则杀。故性气清冷者,受享亦凉薄。惟气和暖心之人,其福亦厚,其泽亦长。

评鉴

　　在以往的社会,性格温和而从不采用暴力的人或许会被别人看成是一个懦夫,但现在情况却有了改变,暴力已不再被人们看成是力量的象征,理性和修养、温和和坚韧才是人们立足于社会的一种精神品位和个人思想境界的崇高象征。

原典

　　天理路上甚宽,稍游心胸中,便觉广大宏朗;人欲路上甚窄,才寄迹①眼前,俱是荆棘泥涂。

注释

①寄迹：暂时托身，借住。

评鉴

为善或是作恶，最初的一步都是起决定性作用的。最初如果走错了道路，踏入了邪途，那么再想回到原来的正路就非常困难了。就好像那些窃贼，最初做坏事的时候只是偷别人一块钱或一个小物件，认为这无关紧要，即使被发现了也没关系，接着又偷了十块钱，认为这也不会构成多大的犯罪，结果越陷越深，最后犯了抢劫杀人的大罪，那时再想回头就已经来不及了。

原典

一苦一乐相磨练，练极而成福者，其福始久；一疑一信相参勘①，勘极而成知者，其知始真。

注释

①参勘：琢磨，钻研。

评鉴

人生是要经过磨炼的，如果不能经过反复的磨炼，就会使自己失去了锐气，就会使自己永远停留在原始的状态。所以说人们无论在什么样的环境里都要经过磨炼，否则就

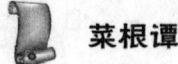 **菜根谭**

不可能改变人生，更不能创造人生的价值。

原典

地之秽者多生物，水之清者常无鱼，故君子当存含垢纳污之量，不可持好洁独行之操。

评鉴

地下不干净会长许多生物，水要是太清了就没有鱼。为什么？地里头如果很干净没有秽物，是不会生长植物的。鱼在清水里，它也知道会被人家捕去，所以它不会在清水里游。

如果我们能爱心永存、真诚待人、宽以待人，就能尽可能多地赢得别人的好感、信赖和尊敬，就能较好地与周围人和睦相处，就能在人生旅途中顺利愉快地前行。

原典

泛驾之马可就驰驱，跃冶之金①终归型范②。只一优游③不振，便终身无个进步。白沙④云："为人多病未足羞，一生无病是吾忧。"真确实之论也。

注释

①跃冶之金：在冶炼金属时，会有金属溶液突然暴出，这就是跃冶之金，此语比喻不守本分而自命不凡的人。

②型范：铸造时用的模具。

③优游：优柔寡断，游手好闲。

④白沙：指明代著名学者陈献章，广东新会人，字公甫，因为隐居白沙里，所以世人称他为"白沙先生"，著有《白沙集》十二卷传世。

评鉴

孟子说："忧劳足以兴国，逸豫足以亡身。"一个人，若想要成就一番事业，就必须经过一番艰苦的磨炼，然后才经得起巨浪的冲击，担当起"挽狂澜于既倒"的重任。那些精神不振、贪图安逸，整日无所事事的人，一生没什么波澜，终将被社会厌弃，被历史遗忘。

原典

人只一念贪私，便销刚为柔，塞智为昏，变恩为惨，染洁为污，坏了一生人品。故古人以不贪为宝，所以度越一世。

评鉴

这段里所说的"不贪为宝"出自这样一个典故，说是春秋时期，在宋国担任司城的子罕是一位很有名的贤臣。某一天，有个百姓得到一块玉石献给子罕，子罕不肯接受。献玉石的人说："我请专门治玉的工匠看过了，工匠说，这块玉石里面藏有宝玉，所以把它献给你。"子罕说："我以不贪为宝，你以玉为宝。我如果接受了你的玉石，我丧

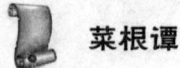 **菜根谭**

失了不贪,你丧失了玉石,这一来,我们两个人就都失去自己的宝物了。不如我们两个人都保有自己的宝物,岂不是很好吗?"

原典

耳目见闻为外贼,情欲意识为内贼,只是主人公惺惺①不昧,独坐中堂,贼便化为家人矣。

注释

①惺惺:清醒的样子。

评鉴

生活中,我们每个人都经受着内外两重考验,于外,是各种声色欲望的诱惑,稍有不慎就会被其引入歧途;于内,则是心中的矛盾与冲突,这包括善与恶、礼与情、美与丑。在内外考验之下,是自控还是放纵,关键还在于我们能不能把握自己。这就好比你是一家之主,受到"家贼"与"外贼"的夹击,只有你明察秋毫坐于正堂,"家贼"与"外贼"才会无所遁形,无机可乘。

原典

图未就之功,不如保已成之业;悔既往之失,亦要防将来之非。

概论第五

评鉴

生活中,有些人总喜欢为过去的过失追悔不已,为过去的得意洋洋自得,这并不算是什么错,但如果仅止于追悔与得意过去,而不觉悟到将来过失的重演或是得意的时候已不能再来,那就对将来事业无所补益。我们必须将已往的成败当作未来人生的借鉴,防止将来错误再发生,不再蹈过去的覆辙,这才是正确的做法。

原典

气象要高旷,而不可疏狂。心思要缜缄,而不可琐屑。趣味要冲淡,而不可偏枯。操守要严明,而不可激烈。

评鉴

做人要自惕自励,给自己定位,把自己放在一个恰当的位置,不骄傲,也不过分谦虚,要知道山外有山,天外有天。自惕自励,不是抹杀自己的个性,无为甚至不为,而是不断开发自我,超越自我,始终想在别人的前面,始终走在别人的前头,把自己放到风口浪尖上摔打磨炼,把自己放在背水一战的境地中发奋图强。

原典

风来疏竹,风过而竹不留声;雁度寒潭,雁去而潭不留影。故君子事来而心始现,事去而心随空。

菜根谭

评鉴

有一天晚上，有一个和尚一个人在禅堂里读书。有一个强盗持刀闯入堂内。

和尚平静地问："你是来要东西，还是来索命的？"

强盗回答说："我来要钱。"

和尚于是从怀中取出钱袋，扔给强盗说："你把这些都拿去吧。"说完又俯下身去看书了。

强盗握紧钱袋，正欲潜逃，和尚这时大喊了一声："等一等！"

强盗说不出的惊慌，呆呆地立在原处。

和尚对他说："你别马虎，出去时把门关好！"

强盗听后，吓得屁滚尿流地逃了。

这强盗后来对人说："我多年打家劫舍，经历过数不尽的风险，可没有哪一次叫我像那次那样害怕！"

原典

清能有容，仁能善断，明不伤察，直不过矫，是谓蜜饯不甜、海味不咸，才是懿德。

评鉴

待人处世明察秋毫这是做人必须具备的能为，但同时也应该宽厚一些，不要太苛刻。人无完人，应该用博大的胸襟包容别人某些并非邪恶的缺点。

概论第五

刚直应该是深藏于内心的看事标准,而不应该是外在的处世态度。心里的是非,应该用圆融的方式去实践。

原典

贫家净扫地,贫女净梳头。景色虽不艳丽,气度自是风雅。士君子当穷愁寥落,奈何辄自废弛①哉!

注释

①废弛:废弃。

评鉴

贫苦之家固然使人同情,但更值得警惕。因为贫穷潦倒并不可耻,也不能永远困住人,只有屈服丧志才是可耻的,也才能永远困住人。所以,我们要有这种认识:命运操之在我,千万不要屈服于一时的困境。

原典

闲中不放过,忙中有受用。静中不落空,动中有受用。暗中不欺隐,明中有受用。

评鉴

有了闲暇的时间不虚度,而是静坐修身,这样忙起来时才会体会到它的好处。这叫"闲中不放过,忙中有受用"。一个人安静下来时不是什么都不做,而是调整好心态,这

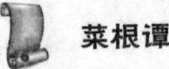 **菜根谭**

样遇事时将能更加从容自如。这叫"静中不落空,动中有受用"。当你有机会利用职务、权力、时机之便暗中占取利益而不会被人发觉时,你会做吗?假如能不去做,就叫作"暗中不欺隐"。而这样的人在明里才能有高风亮节,故曰"明中有受用"。

原典

念头起处,才觉向欲路上去,便挽从理路上来。一起便觉,一觉便转,此是转祸为福、起死回生的关头,切莫当面错过。

评鉴

不洁的欲念刚一产生,就要及时意识到,意识到了,就要赶快把它领回到静心修行的路上来。欲念产生就发觉,发觉了就改正,这是转祸为福、起死回生的关键,切莫轻易放过。

无论是灾祸还是劣习,它都将毁掉人的一生,所不同的仅仅是,灾祸毁人立竿见影,而劣习则让人慢慢堕落!

原典

天薄我以福,吾厚吾德以迓①之;天劳我以形,吾逸吾心以补之;天扼我以遇,吾亨吾道以通之。天且奈我何哉!

概论第五

注释

①迓：迎接。

评鉴

禅宗提倡培养面对现实的勇气和毅力，以欢喜心接受一切的境界。

曾听过一位智者说过这样的话："接受事实是克服任何不幸的第一步。"命运是无法逃避的，也是无从选择的。我们所能做的只能是接受已经存在的事实，然后进行自我调整。抗拒接受命运，只能让自己的境况越来越糟。因此，人在无法改变不公和不幸的命运时，要学会接受它，适应它，进而改造它。

我们应该学会接受不可避免的事实，即使不接受命运的安排，也不能改变事实分毫，我们唯一能改变的，只有自己。

原典

真士无心邀福，天即就无心处牖其衷；险人①著意避祸，天即就著意中夺其魄。可见天之机权最神，人之智巧何益！

注释

①险人：奸佞小人。

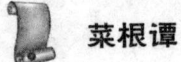 **菜根谭**

评鉴

关于幸福，虽然是人人都渴望得到的，但却没有什么具体的概念，而且要想得到这种幸福，也并不是凭着自己想象就可以获得的。《菜根谭》这段认为，只有天降之福才是福，就是说只有上天给你降临的幸福，才是真实的幸福。

原典

声妓晚景从良，一世之烟花无碍；贞妇白头失守，半生之清苦俱非。语云"看人只看后半截"，真名言也。

评鉴

这里所说的"看人只看后半截"，有两层基本的含义：一是要悔过自新。人非圣贤，孰能无过？人不怕犯错误，只要能勇敢地承认错误、改正错误，就能改头换面，重新做人。二是要保持晚节。真正高尚的人，一生都应该保持崇高的理想、坚定的信念、高尚的追求和良好的精神状态，在人生的历程中要做到愈挫愈勇，不畏艰险，一往无前，义无反顾，特别在晚年更应该珍惜自己的荣誉，谱写好生命最后的华章。

原典

平民肯种德施惠，便是无位的卿相；仕夫徒贪权市宠，竟成有爵的乞人。

概论第五

评鉴

古人有云:"不患位之不尊,而患德之不崇。"行善,不在于地位,也不在于贫富,只要有一颗爱心,就可以温暖他人。

原典

问祖宗之德泽,吾身所享者,是当念其积累之难;问子孙之福祉,吾身所贻者,是要思其倾覆之易。

评鉴

创业不易,但守业更难,因此"当念其积累之难,常思倾覆之易"。对于守业者来说,应该想到祖辈积累家业的艰难,要特别珍惜,好好守护,这样才能够对得起祖宗给我们留下的恩泽。而对创业者来说,要守好自己的家业,就要教育子女,不要铺张浪费,要有勤俭持家的思想和精神,特别是现在的年轻人,他们很少吃苦,从小到大一直过着优越的生活,不懂得人生的艰难,更不懂得创业不容易,而败起家业却更容易,所以,对他们一定要有良好的教育。

原典

君子而诈善,无异小人之肆恶;君子而改节,不若小人之自新。

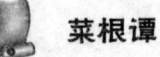
菜根谭

评鉴

君子而诈善，这其实已经不是君子了，而是伪君子。小人可怕，但比小人更可怕的是伪君子。为什么这么说呢？这是因为伪君子往往隐藏最深，他们要么沉默寡言，以胸有城府的形象出现，要么就是假装热情真诚，好像跟你是世界上最好的朋友，为了你可以两肋插刀、万死不辞。殊不知，这正是最欺骗你的地方。我们一定要保持警惕，千万别被人卖了还帮着数钱！

原典

家人有过不宜暴扬，不宜轻弃。此事难言，借他事而隐讽之。今日不悟，俟①来日正警之。如春风之解冻、和气之消冰，才是家庭的型范。

注释

①俟：等待。

评鉴

一个和睦的家庭是温馨而美丽的港湾，而这样的家庭需要用心创造。如何创造呢？首先要明确一点，即要正视和允许家庭成员犯错误，人非圣贤，孰能无过，何况，在自己家里，人们因为更自由些，所以更容易犯错误。其次，当家人一旦犯下错误时，要冷静地去处理，暴斥怒打是无

概论第五

济于事的，不能从根本上解决问题，最好的办法是通过耐心地说服教育，令其悔悟改过。最后，家庭矛盾往往表现在一方自私、狭隘的心理和行动上，如此，受到伤害的一方如果能宽厚大度，不计怨仇，仍能用爱心更多地想着对方，不去与其争斗，必能有着良好的亲情效果。

原典

此心常看得圆满，天下自无缺陷之世界；此心常放得宽平，天下自无险侧之人情。

评鉴

每个人的世界、环境，都是自己造成的，你可以将忧郁、困苦、恐惧、失望等塞满你的世界，使你的生命变得悲哀、痛苦，心态消沉；你也可以驱除一切忧愁、恶意、恐惧等思想，而使自己所处的环境、空气变得一片清明，心态积极。

原典

淡薄之士，必为浓艳者所疑；检饬①之人，多为放肆者所忌。君子处此固不可少变其操履，亦不可太露其锋芒。

注释

①检饬：谨言谨行，自我约束的人。

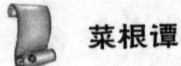 **菜根谭**

评鉴

人的秉性爱好不同，对于事物的看法自然也就不同。爱好浓艳奢侈的人，对甘于淡泊宁静的人往往无法理解，所以就难免产生猜疑之心，认为别人是故作清高；行为放荡不羁的人，常常忌恨那些行为检点的人，因为这些人的高尚品德，让他们极不自在。对于君子来说，坚持自身的行事风格，坚守自身的良好品德，并不足以保护自己，还需要学会适当地藏其锋芒。

原典

居逆境中，周身皆针砭药石，砥节砺行①而不觉；处顺境内，满前尽兵刃戈矛，销膏靡骨而不知。

注释

①砥节砺行：指磨砺操守品行。

评鉴

1644年春，闯王攻入北京，以为天下已定，大功告成。那些农民出身的新官僚把起义时打天下的叱咤风云的气魄丧失殆尽，只图在北京城中享受安乐，"日日过年"，李自成想早日称帝，牛金星想当太平宰相，诸将想营造府第。当清兵入关，明朝武装卷土重来时，起义军却一败涂地。这正如《菜根谭》这段所说的"处顺境内，满前尽兵刃

概论第五

戈矛，销膏靡骨而不知"。

原典

生长富贵丛中的，嗜欲如猛火、权势似烈焰。若不带些清冷气味，其火焰不至焚人，必将自焚。

评鉴

物欲、色欲、权力欲，都是孕育这些危险的。而身居富贵之家的孩子，最容易接触到的也都是这些容易勾起或满足这些欲望的事物。所以，对于富贵之家的孩子来说，他们就总是处在某种危险之中。事实上也是这样，创造富贵的人或许还可以安享富贵，而承继富贵的人，却往往难以守成。

原典

人心一真，便霜可飞、城可陨、金石可贯。若伪妄之人，形骸徒具，真宰已亡。对人则面目可憎，独居则形影自愧。

评鉴

一个人的精神、修养如果达到至真至诚的地步，那就可以感动上天，甚至变不可能为可能。精诚所至，金石为开，所说的就是这个道理。相反，一个人如果心存虚伪，思想邪恶，那他只不过空有人的形体，灵魂却早已死亡，并且因为心术不正也会使人觉得面目可憎，而在夜深人静之时，

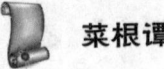 **菜根谭**

自己扪心自问,也会觉得万分惭愧。

原典

文章做到极处,无有他奇,只是恰好;人品做到极处,无有他异,只是本然。

评鉴

做人首先要真诚,古人称为本然人品。一个人的思想、品格、言行,都要发自内心,自然而然地表现出来,不能为了某种功利的目的矫揉造作,掩盖自己的真实面目,扭曲自己的本性。真诚做人,保持本然人品,是做人的起点,也是人品的极处。真诚的反面是虚伪,自欺欺人,靠戴假面具过日子。真诚坦率的人不失本色,自然有感人的力量。虚伪矫饰的人一生都在演戏,给人留下伪佞可憎的形象,自己也丧失心灵的本性,忍受心理上的折磨。

原典

以幻迹言,无论功名富贵,即肢体亦属委;以真境言,无论父母兄弟,即万物皆吾一体。人能看得破,认得真,才可以任天下之负担,亦可脱世间之缰锁。

评鉴

"看得破,认得真"是做人做事的一种态度、一种境界,更是一种良好心态。这句话说来容易,但做起来却没

概论第五

有多少人能做得到。坚强的性格和顽强的毅力是成就人生理想的基石，体现的是"镜破不改光，兰死不改香"的本质，如果做不到"看得破，认得真"，那就很难成就一番事业，更别说"任天下之负担"了。

原典

爽口之味，皆烂肠腐骨之药，五分便无殃；快心之事，悉败身散德之媒，五分便无悔。

评鉴

所谓"爽口物"，是指那些利口的美食，这些食物大多是膏粱厚味之物，进食过多的话，容易损伤脾胃，诱发众疾。

所谓"快心事"，是指自引以为乐的事情，这些事情容易让人过度兴奋，而喜乐无度，则会使心神散荡不藏，如房事太过，伤人肾气，或意气用事，求一时痛快，则事过为殃。那么如何掌握这个度呢？洪应明在这一段就给出了答案："五分便无殃""五分便无悔"。

原典

不责人小过，不发人阴私，不念人旧恶，三者可以养德，亦可以远害。

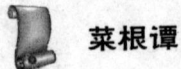 **菜根谭**

评鉴

称赏别人的优点，于是我也就积了一点美德，所以又何必嫉妒别人的优点呢？！宣传别人的缺点，也就等于增加了自己的一份恶行，所以又何必诋毁别人的缺点呢？！所以说，我们应该尽量称赏别人，学会表扬别人，鼓励别人。与人交往，常常会祸从口出，所以说话一定要慎之又慎，少说为佳，要学会保持有限度的沉默。

原典

天地有万古，此身不再得；人生只百年，此日最易过。幸生其间者，不可不知有生之乐，亦不可不怀虚生之忧。

评鉴

天地是永恒存在的，而我们的生命却不会有第二次；人的一生只有百年，这在茫茫而永恒宇宙中不过是一瞬间，很容易就过去了。幸运地降生到这个世界中的人，不可以不知道人生的珍贵和乐趣，同时，也不可以不怀有虚度此生的忧虑。

原典

老来疾病都是壮时招得；衰时罪孽都是盛时作得。故持盈履满[①]，君子尤兢兢焉。

注释

①持盈履满：持盈，指保守成业；履满，指福寿完满。

评鉴

很多人都对财富有着不同的理解，金钱是一笔财富，知识是一笔财富，经历是一笔财富，地位名誉也是一笔财富。可很少有人想过，我们最容易忽视但又最宝贵的健康其实也是一笔财富。

人的身体是一个有机体，它就好比一台机器，在经过一天的运转之后，需要夜晚的检修、保养、维护才能保证第二天的正常运行。如果检修不及时、保养不到位、维护不全面，就会降低工作效率，故障接二连三地出现，甚至还有直接报废的可能。

原典

市私恩不如扶公议，结新知不如敦旧好，立荣名不如种阴德，尚奇节不如谨庸行。

评鉴

尚义行善固然是应该做的，但收买个人的感情不如扶植公众舆论；与其一味去结交新的朋友，不如多与老友多联系以增进感情；喜欢让自己声名显扬，不如在私底下多做仁德之事；以过分的言行去引人注目，不如谨慎平常的

 **菜根谭**

言行，就可以算是进德修业了。

原典

公平正论不可犯手①，一犯手则遗羞万世；权门私窦②不可著脚，一著脚则玷污终身。

注释

①犯手：触犯。
②私窦：私门，暗指走后门。

评鉴

唐朝诗人宋之问，有一个外甥叫刘希夷，很有才华，是一个年轻有为的诗人。一日，希夷写了一首诗，曰《代白头吟》，到宋之问家中请舅舅指点。当希夷读到"古人无复洛阳东，今人还对落花风。年年岁岁花相似，岁岁年年人不同"时，宋之问不禁连连称好，忙问此诗可曾给他人看过，希夷告诉他刚刚写完，还不曾与人看。宋之问遂道："你这诗中'年年岁岁花相似，岁岁年年人不同'二句，着实令人喜爱，若他人不曾看过，让与我吧。"希夷言道："此二句乃我诗中之眼，若去之，全诗无味，万万不可。"晚上，宋之问睡不着觉，翻来覆去只是念这两句诗。心中暗想，此诗一面世，便是千古绝唱，名扬天下，一定要想法据为己有。于是起了歹意，命手下将希夷活活害死。后来，宋之问获罪，先被流放到钦州，又被皇上勒令自杀，天下文人闻之无不称快！刘禹锡说："宋之问该死，这是天之报应。"

原典

曲意而使人喜，不若直节而使人忌；无善而致人誉，不如无恶而致人毁。

评鉴

讨人喜爱，受人欢迎，固然是令人高兴的事，但是若要潜藏起自己的意见，抛却自己对事理、正义的看法，只是一味地逢迎对方的意思，趋附于他人，而失去自己的立场，那么虽然你受到了欢迎，却是一件可耻的事。因为受欢迎的，是逢迎拍马的本身，而不是你人格的高尚、对事理的高见。

原典

处父兄骨肉之变，宜从容不宜激烈；遇朋友交游之失，宜剀切①不宜优游。

注释

①剀切：诚恳的规劝。

评鉴

当你不幸遇到父母兄弟或骨肉至亲之间发生家庭纠纷或人伦变故时，你应该忍住悲痛的心情，保持沉着的态度，

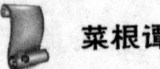 **菜根谭**

绝对不可以感情用事，采取激烈言行而把事情弄得更坏；当你跟知心良友交往时，万一遇到朋友犯了什么过失，你应该诚恳地规劝，绝对不可以因为怕得罪他而眼看着他继续错下去。这里是家人和朋友在出事之后的正确态度，是非常值得我们思考和学习的。

原典

小处不渗漏，暗处不欺隐，末路不怠荒①，才是真正英雄。

注释

①怠荒：放纵，荒废。

评鉴

大事不糊涂，难事不回避，急事不着慌，才是个能干角色；大节不含糊，细节不疏忽，小节不计较，才是个英雄人物。

原典

惊奇喜异者，终无远大之识；苦节独行者，要有恒久之操。

评鉴

人世间，最可贵的并非那些难以揣测的奇异之事，而是平凡的生活、正常的事业。

概论第五

在非常困难的环境而能守住节义,当然是非常可贵的,这种节操是在非常时期一个有恒操者应有的觉悟,也只有这时才方显英雄本色。

原典

当怒火欲水正腾沸时,明明知得,又明明犯着。知得是谁,犯着又是谁。此处能猛然转念,邪魔便为知真君子矣。

评鉴

做一个有理智,能自我控制的人是很难的,但也是很重要的,它是最主要的做人美德之一。如果做人不能够学会自我控制,那么一切事情都会因你的失控而毁掉,也会因此而得罪很多自己需要的人。一个人无论你怎么强,如果你不能保持理智,那结果也只有走向自我毁灭。

原典

毋偏信而为奸所欺,毋自任而为气所使,毋以己之长而形人之短,毋因己之拙而忌人之能。

评鉴

如何识人用人?孟子对齐宣王说的一段话,和《菜根谭》这段话有相似之处,可以综合起来读。孟子说:"国君选拔人才要慎重,左右亲近的人都说某人好,不可轻信;众位大夫都说某人好,也不可轻信;全国的人都说某人好,

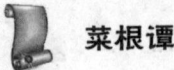 **菜根谭**

然后去了解，发现他真有才干，再任用他。左右亲近的人都说某人不好，不可听信，众大夫都说某人不好，也不可听信，全国的人都说某人不好，然后去了解，发现他真不好，再罢免他。"

原典

人之短处，要曲为弥缝，如暴而扬之，是以短攻短；人有顽的，要善为化诲，如忿而嫉之，是以顽济顽。

评鉴

对别人的短处，要予以遮掩，如果揭人之短，也暴露了自己的短处，是以短攻短。对别人的顽固行为，应加以引导，如果愤怒地指出，则是以顽固应对顽固了。

原典

遇沉沉不语之士，且莫输心；见悻悻①自好之人，应须防口。

注释

①悻悻：怨恨失意的样子。

评鉴

对沉默寡言、表情阴沉的人，不要轻易地推心置腹；碰到固执己见、自以为是的人，则一定要管住自己的嘴巴。

《菜根谭》这一段不是教人作恶的不良言辞,而是作者在总结了前人无数次经验后得出的人生警句——历史上很多名人都曾因太过忠厚老实而吃过亏。

原典

念头昏散处,要知提醒;念头吃紧时,要知放下。不然恐去昏昏之病,又来憧憧之扰矣。

注释

①憧憧:往来不绝。

评鉴

"念头昏散处,要知提醒;念头吃紧时,要知放下。"这实际上是道出了适时变应、刚柔相济、张弛有道的修身处世的方法。拥有这种智慧的人做事懂得松紧和退歇,具备一定内涵但又有一定的轻松度,可以用一种轻松的方式感染大家。

原典

霁日青天,倏变为迅雷震电;疾风怒雨,倏转为朗月晴空。气机何尝一毫凝滞,太虚①何尝一毫障蔽,人之心体亦当如是。

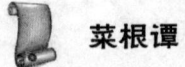 **菜根谭**

注释

①太虚：泛指天地。

评鉴

如果说，日月星辰的变换和新陈代谢的更替是宇宙天体不可磨灭、不可抗拒的规律，那平日的喜怒哀乐也应该看作是再寻常不过的事了。所以说，凡事不可过于萦怀于心，得失心不可过重，否则，就有失天人合一之道，难免不遭逢意外之变。

原典

胜私制欲之功，有曰识不早、力不易者，有曰识得破、忍不过者。盖识是一颗照魔的明珠，力是一把斩魔的慧剑，两不可少也。

评鉴

有识可照魔，有力可斩魔。识、力二者不可缺一。的确，人们的私欲，有的时候是识的问题。有的人，由于阅历等限制，对识别还缺乏能力。特别是一些涉世不深的人。这些人，首先是要学会"识"，然后在"识"的基础上，再修炼"力"；然而，现在的多数人，不是"识"的问题，而"力"的问题。比如说那些贪官，难道认识不到贪污是错的，不知道哪些行为是属于贪污？这些人被魔所伏，关键就不在于"识"，而在于

概论第五

"力",他们就是典型的"识得破、忍不过者"。

原典

横逆困穷,是煅炼豪杰的一副炉锤。能受其煅炼者,则身心交益;不受其煅炼者,则身心交损。

评鉴

人生的困境和逆境,都是一种磨炼。人的一生,难免要面对困境和逆境。我们要有经受"苦其心志,劳其筋骨"的磨难和"千磨万击"的心理准备,这样才能做到"身心交益",也才能从困境和逆境中解脱出来。

原典

害人之心不可有,防人之心不可无,此戒疏于虑者。宁受人之欺,毋逆人之诈,此警伤于察者。二语并存,精明浑厚矣。

评鉴

人生从某种角度看也是一场战争。在这种战争中,为了求生存,必须要有慎重的生活方式和态度,这样才不至于上某些人的当,吃大亏。当然,为人并不需要自己去欺骗别人,但是,社会上鱼龙混杂,到处都是陷阱、圈套,必须小心提防。正所谓"害人之心不可有,防人之心不可无"。

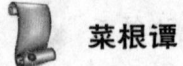 **菜根谭**

原典

毋因群疑而阻独见,毋任己意而废人言,毋私不惠而伤大体,毋借公论以快私情。

评鉴

一个有主见的人,对别人的建议应该认真分析,吸取其中有益的、合理的部分,绝不可听风就是雨。固执不好,但盲从更要不得。凡事应动脑想想,应做到"毋因群疑而阻独见",不要因别人的责难、非议而乱了方寸,不知所之。别人的建议,无论出发点是好是坏,都应深思慎取。

原典

善人未能急亲,不宣预扬,恐来谗谮之奸;恶人未能轻去,不宜先发,恐招媒孽之祸。

评鉴

正所谓,君子之交淡如水,君子之交是在平淡中建立的,不可刻意地去追求,如果你急于去求得的话,别人就会觉得你别有他图;与恶人接近容易,远恶人则不易,正所谓请神容易送神难。如果不想和恶人交往下去,也得慢慢地疏远他,进行冷处理,而不能让对方明显地感觉到你态度的变化,否则,就很容易招来灾祸。

原典

青天白日的节义,自暗室屋漏中培来;旋乾转坤的经纶,从临深履薄中操出。

评鉴

生活当中的点点细节,都在训练一个人慎独的功夫,纵使是自己独处时,也不能放纵,也要有规矩。在生活细节中,要恭谨、谨慎,才能形成一个人的节义,才能掌握自己命运、事业的乾坤。"旋乾转坤的经纶,从临深履薄中操出",一个人这些旋转乾坤的能力,从哪里培养出来?就是在慎独中形成。

原典

父慈子孝、兄友弟恭,纵做到极处,俱是合当如是,着不得一毫感激的念头。如施者任德,受者怀恩,便是路人,便成市道①矣。

注释

①市道:指市井交易。

评鉴

这里是说,亲人之间的爱,不能夹杂任何东西,包括感谢、求回报的念头。为什么呢?因为这里面不存在什么

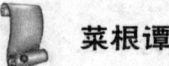 **菜根谭**

恩义的东西,这是宇宙间最纯净的东西,这是一种天然、自然的爱,没有任何思想上的杂质。

只有纯粹的爱,才能得到纯粹的力量,就如泉水默默付出,何曾希求回报,但它却能源源不竭,而作为人类又有何回报给它呢?

🔷 原典

炎凉之态,富贵更甚于贫贱;妒忌之心,骨肉尤狠于外人。此处若不当以冷肠,御以平气,鲜不日坐烦恼障中矣。

🔷 评鉴

是什么让骨肉亲情视若仇敌,是利益,是人们心中不断膨胀的欲望。一般的贫贱人家没有那么多的财产可供分割,所以兄弟姐妹之间就容易关系良好,相处融洽。相反很多富贵人家财产多,子女为争这些东西,相互间产生矛盾的机率就会大增,矛盾多了想保持良好关系自然就会变得相当困难。

🔷 原典

功过不宜少混,混则人怀惰隳[①]之心;恩仇不可太明,明则人起携贰之志。

🔷 注释

①惰隳:懒惰,不求上进。

概论第五

评鉴

功是功,过是过,功过分明,是领导对待自己部下的正确态度。只有功过分明,才能奖罚分明,才能鼓舞正气、消灭邪气。有恩报恩,但有仇不一定就要报仇,所谓冤冤相报何时了,对待仇人还是尽量以宽大为怀为妙,以免结下无尽的仇怨。

原典

恶忌阴,善忌阳,故恶之显者祸浅,而隐者祸深。善之显者功小,而隐者功大。

评鉴

作恶者,大多都是暗地里干坏事,在大庭广众面前却把自己打扮成正人君子。这种"隐恶"之人,往往对社会对国家危害更大,且让人难以提防。所以,不要一味讲"隐恶",应该让恶人恶事晒晒太阳,让那些只在暗中鼠窃狗偷、鬼鬼祟祟的人和事,统统拿到光天化日下曝曝光,这样就一定大有裨益;做好事,如果是想公开利用行善来沽名钓誉,那就是一种伪善的行为,根本无功德可言,所以说,只有不图名利默默利善的人,所积的功德才最大。

原典

德者才之主,才者德之奴。有才无德,如家无主而奴

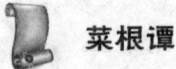 **菜根谭**

用事矣,几何不魍魉猖狂?

评鉴

北宋史学家司马光在其《资治通鉴》说道:"才者,德之资也;德者,才之帅也。"这句话比起《菜根谭》这段更强调才的作用,认为德才相辅相成,但同样是把"德"放在了主位。

一个人才气很大、德行不好,对企业的破坏性就可能非常大。一个人智力有问题,是次品;一个人灵魂有问题,那就是危险品。所以,对于管理者来说,一方面要用有才能的人,另一方面还要注意他的德行,如果德行不过关,就最好不要用,即使用也要加倍小心。

原典

锄奸杜幸,要放他一条去路。若使之一无所容,便如塞鼠穴者,一切去路都塞尽,则一切好物都咬破矣。

评鉴

俗话说,兔子急了也咬人,为什么这样说呢?要知道,兔子本来是温顺的动物,不到万不得已它一定不会反击。但如果被人逼到绝路上,就必然会拼死反扑!兔子尚且如此,何况人乎,孙子兵法中置之死地而后生,韩信的背水一战,都是说人在被逼入绝境之后,往往会爆发出更大的力量,那些"奸幸"之辈自然也不例外,而且他们的反咬往往是鱼死网破式的，所以，《菜根谭》认为对其应该放一条去路。

原典

士君子不能济物者，遇人痴迷处，出一言提醒之，遇人急难处，出一言解救之，亦是无量功德矣。

评鉴

士君子物质生活虽贫困，然而他们智慧高深，深明大义，且深知为人处世之道，能为众人解惑，这也是无量的功德。

其实，说士君子皆贫穷也不尽然。有学问有道德之士，必有其应有的地位与薪酬。只是学问道德并不常与富贵同在。有些得以享受荣华富贵的君子，认为"生死有命，富贵在天"，一切随缘。也有清贫君子说"富贵于我如浮云"，能随遇而安。所谓君子就是一切遵从本心，学问道德才是他们一生的追求。

原典

处己者触事皆成药石，尤人者动念即是戈矛，一以辟众善之路，一以浚诸恶之源，相去霄壤①矣。

注释

①霄壤：天地，形容差距大。

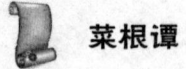
菜根谭

评鉴

孔子《论语·宪问》中说：不怨天，不尤人，下学而上达。怨天尤人是没有任何用的，它解决不了任何问题。我们每个人的一生中都难免有缺憾和不如意，也许我们无力改变这个事实，但我们可以改变看待这些事情的态度。在这个物欲横流、自由宽容的时代，一个人要想生活得快乐幸福，就必须有不抱怨的生活智慧。

原典

事业文章随身销毁，而精神万古如新；功名富贵逐世转移，而气节千载一时。君子信不以彼易此也。

评鉴

做人要有精神，要有气节，否则就会在大是大非面前迷失方向。孔子不饮盗泉之水，朱自清不受嗟来之食，故能满怀清风，挺直脊梁做人；于谦"粉身碎骨浑不怕，要留清白在人间"，郑板桥"千凿万击还坚韧，任尔东西南北风"，故能笑傲人生，立于朗朗乾坤。吴三桂为红颜一怒而引敌入关，故身败名裂，为天下笑；凡此种种，都无一例外地证明，气节存则正气在，气节失则邪气生。正气在则立于天地，邪气生则祸患加身。人活一世，面对的诱惑成千上万，要走的道路错综复杂，该做的选择数不胜数。不论什么时候什么情况，我们都要铭记这样一句话："站直了，别趴下！"

原典

鱼网之设，鸿则罹其中；螳螂之贪，雀又乘其后。机里藏机变外生变，智巧何足恃哉。

评鉴

说来的确很无奈，人的任何努力都有可能被无法预料的事情所抵消或破坏，所以，孔子才会说："尽人事以听天命。"在世为人，不努力当然不行，而努力了，也不要指望万事无碍，总有些我们无法预料、无法抗拒的事情可能发生。所以，我们应该在努力之余，放开自己的胸怀，不要自恃太高，也不要太过依赖于技巧。

原典

作人无一点真恳的念头，便成个花子①，事事皆虚；涉世无一段圆活的机趣，便是个木人，处处有碍。

注释

①花子：虚浮、华而不实的人。

评鉴

在物欲横流的社会，为人真实诚恳，会让人产生可信度，所以说，真实诚恳是一种美德，代表了诚实可靠的人生品质。做人如果缺乏真诚纯朴、坦坦荡荡、光明磊落的思想，

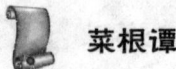 **菜根谭**

就是虚妄的人,难以成事。做人,就要诚挚无私,任劳任怨,成熟稳重,不随波逐流,不哗众取宠,不学奸佞小人欺世盗名。

原典

事有急之不白者,宽之或自明,毋躁急①以速其忿;人有切②之不从者,纵之或自化,毋躁切以益其顽。

注释

①躁急:急躁。
②切:责备。

评鉴

有些事情发生了,快速弄明白是不容易的,在真相未明之前,应该宽限一些时间,时间久了,一切就都会明了,可以避免许多无谓的纷争。相反,如果过于责备,反而容易引起他人的愤怒和反感,使真相更加难以水落石出。

原典

节义傲青云,文章高白雪,若不以德性陶镕之,终为血气之私、技能之末。

评鉴

孔子的弟子曾子说:"晋国公子的财产让我望尘莫及。

概论第五

但是,他依靠他的财产生活,我依靠我的仁德生活;他依靠他的官职做人,我依靠我的道义做人,我还有什么不能满足?"这是曾子的气概。轻视王侯,鄙视爵禄,君子心中坦坦荡荡,我们从这里能看到道义的伟大品质,能看到曾子生命中的光辉,曾子这些话是对《菜根谭》此段的最好诠释。

原典

谢事当谢于正盛之时,居身宜居于独后之地,谨德须谨于至微之事,施恩务施于不报之人。

评鉴

"谢事当谢于正盛之时",意思就是,引退要在自己事业处于鼎盛的时候,这样才能使自己有一个完满的结局。古语有云,"功高震主者自危,名满天下者不赏""弓满则折,月满则缺"。

原典

德者事业之基,未有基不固而栋宇坚久者;心者修行之根,未有根不植而枝叶荣茂者。

评鉴

一个人如果没有好的品德,再好的学识再大的本领也没有用,因为一个品行不端的人,他根本就创不起事业。

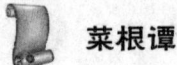 **菜根谭**

即使侥幸能创起事业，早晚会发生问题，不是贪赃枉法，就是成名危害国家社会，会一下子从金字塔上跌下来，爬得越高摔得也越重，其原因就是没有良好品德作基础。只有注重道德修养，德在人先，利在人后，保持自我的人格和远大的理想，不为权势左右，不受欲望困惑，锻炼自己的意志，开阔自己的心胸，高瞻远瞩，脚踏实地，淡泊名利，保持不贪，才能事业有成，进而回报社会。

原典

道是一件公众的物事，当随人而接引；学是一个寻常的家饭，当随事而警惕。

评鉴

道德并不是圣人与君子所特有的，而是一种公共且公开于世的事物，任何一个人都有资格也有能力去拥有，是人人都可以接近的，人人都可以施行的。相同的道理，学问也不是专业学者才能做的，它就像家常便饭，是人人都可以钻研的。但是，钻研学问的目的，不仅仅是辨明道理，而是希望能将其用到实处。

原典

念头宽厚的，如春风煦育，万物遭之而生；念头忌刻的，如朔雪阴凝①，万物遭之而死。

注释

①朔雪阴凝：朔雪，指北方的雪。阴凝，即阴凝冰坚，阴气始凝结而为霜，渐积聚乃成坚冰。这里是小人渐渐得势，地位渐趋稳固。

评鉴

在平时生活中，应该与人为善，从善如流。如果与别人产生摩擦，要能以你大我小、你对我错、你有我无、你乐我苦来要求自己，如此"严以律己，宽以待人"，必定能赢得别人的尊敬，也必定是一个善于教诲的人，正如《菜根谭》所说："如春风煦育，万物遭之而生。"

原典

勤者敏于德义，而世人借勤以济其贪；俭者淡于货利，而世人假俭以饰其吝。君子持身之符，反为小人营私之具矣，惜哉！

评鉴

勤奋的人应该努力培养自己的德行和义理，可是世人偏偏假借勤奋来满足自己的贪欲；节俭的人应该对财货利益保持淡泊，可是世人偏偏假借节俭来掩饰自己的吝啬；勤奋和节俭本来就是君子修身养性的准则，反而成了市井小人用来营私求利的工具。真是太可惜了啊！无论在哪一

菜根谭

个时代，都有那种以虚伪骗人的人，而他们所耍弄的手段，往往都是君子持身修道的东西，这就需要我们用心去辨别。

原典

人之过误宜恕，而在己则不可恕；己之困辱宜忍，而在人则不可忍。

评鉴

为什么"人之过误宜恕"呢？为的是给人自新的机会。而在己又为什么不可恕呢？因为不严格要求自己，就会放松自我，让小错误发展成大错误。待人要宽，律己要严，是一种规范的待人待己之道，也是为人处世最重要的原则之一，一个具备这种高贵品格的人，他的成功将是水到渠成的。

原典

恩宜自淡而浓，先浓后淡者人忘其惠；威宜自严而宽，先宽后严者人怨其酷。

评鉴

一个组织或一个领导要向下属施行恩惠，应该由少而多，循序渐进，如果一开始就施恩无度，一旦把人们的胃口吊起来后，再减少恩惠，那对方往往就会把先前的恩惠忘得一干二净。另一方面，如果是树立权威，从一开始就

概论第五

要坚持原则，对下属从严要求，等到形成了良好的制度、文化和自觉性后，就可以宽松一些，因为制订制度的目的就是不要制度。如果一开始就放松要求，姑息迁就，然后再严厉的话，人们就接受不了了，就会埋怨管理者残酷。

原典

士君子处权门要路，操履要严明，心气要和易。毋少随而近腥膻之党①，亦毋过激而犯蜂虿之毒②。

注释

①腥膻之党：行为丑恶的朋党。

②蜂虿之毒：蜂和虿都是有毒刺的螫虫，比喻恶人或敌人。

评鉴

士君子处于国家的枢要地位，要行使自己的权力而不在个人身上出现差错，就要操守严明，心气平和。要守正不阿，勤勉修身，以天下为己任。不宜放纵性情，不可结党营私，远小人，近贤臣，执法公正无私，做事不可太过，也不可不及，能做到这些，就不致有"近腥膻之党"或"犯蜂虿之毒"。

原典

遇欺诈的人，以诚心感动之；遇暴戾的人，以和气熏

菜根谭

蒸之；遏倾邪私曲的人，以名义气节激励之。天下无不入我陶熔中矣。

评鉴

儒家经典《中庸》把"诚"视作天下之本，"诚者，物之始终，不诚不物"，认为天道与人道相通，故修齐治平亦必以"诚心正意"为始基，在"诚心正意"上下功夫。我们应该认识到，"诚"乃人固有之天性，而"欺诈"不过是后来养成之恶习，上下五千年，纵横十万里，虽然欺诈私曲之徒比比皆是，为争霸窃权纷攘角逐，但未有以作奸欺世之术能范围世界、统领人心者。相反，"诚"则能够感动万物，包容天地。

原典

一念慈祥，可以酝酿两间和气；寸心洁白，可以昭垂百代清芬。

评鉴

心中若存有慈祥的念头，可以形成天地间温暖平和的气息；心地若保持纯洁清白，可以留给后世百代美好的名声。《菜根谭》这里所说的"一念慈祥和寸心洁白"就是我们现在所讲的"爱心"。人是要有爱心的，人字的结构就是互相支撑，所以我们视爱心为人性中最圣洁的感情和高尚的品质。大千世界因为有了爱，才延续了世代的一脉香火，

概论第五

点滴生活因为有了爱,才孕育了此刻的生机勃勃。这个社会,因为有了爱,才变得更加充实和美丽。

原典

阴谋怪习、异行奇能,俱是涉世的祸胎。只一个庸德庸行,便可以完混沌而招和平。

评鉴

《菜根谭》这段讲的其实就是儒家所说的"中庸"之道。何谓中庸?宋代儒家诠释说,不偏不倚谓之中,平常谓庸。中庸就是不偏不倚的平常的道理。中庸又被理解为中道,中道就是不偏于对立双方的任何一方,使双方保持均衡状态。中庸是一种折中调和的思想。调和与均衡是事物发展过程中的一种状态,这种状态是相对的、暂时的。儒家学者揭示了事物发展过程的这一状态,并概括为"中庸",这在古代认识史上是有贡献的。但在任何情况下都讲中庸,讲调和,就否定了对立面的斗争与转化,这是应当明确指出的。

原典

语云:"登山耐险路,踏雪耐危桥"。一耐字极有意味。如倾险之人情、坎坷之世道,若不得一耐字撑持过去,几何不坠入榛莽①坑堑哉!

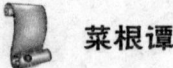
菜根谭

注释

①榛莽：指杂乱丛生的草木。

评鉴

许多成功者是大器晚成的人，他们所凭借的就是耐心。北宋大文学家苏洵做秘书省校书郎的时候已年过50岁了。明朝的李贽，从小家境贫寒，青年时代在颠沛流离中度过，立志著书时已54岁了，他的名著《焚书》和《藏书》是在60岁后完成的。近代画坛巨匠齐白石30岁才开始学画，后来成了蜚声海内外的大画家。这些名人有一个共同的特点：忍耐。

原典

夸逞功业炫耀文章，皆是靠外物做人。不知心体莹然，本来不失，即无寸功只字，亦自有堂堂正正做人处。

评鉴

品德高尚、高风亮节的美名是需要旁人鉴证、后人盖棺论定的，自吹自擂给自己打上标签，实际上是很浅薄的行为。君不见，在我们现实生活中，那些作奸犯科者，往往就是那些整天说自己是好人和整天装得道貌岸然的人，而那些心如止水，甘于寂寞，默默无闻，只做不说的才是真正的君子。

概论第五

原典

不昧己心，不拂人情，不竭物力，三者可以为天地立心，为生民立命，为子孙造福。

评鉴

"不昧己心"，则能做到光明正大；"不拂人情"，则能做到人情厚重；"不竭物力"，则能做到爱惜物力。光明正大，则公正无私；人情厚重，则得道多助；爱惜物力，则不忧匮乏。做到这三者，这不但可以使现在的生活美满，为社会做贡献，也可以为自己的子孙谋福祉。

原典

居官有二语曰："惟公则生明，惟廉则生威。"居家有二语曰："惟恕则平情，惟俭则足用。"

评鉴

做官应当遵守两句训诫：第一是要公平，不要以私废公，这样做官才能坐得稳；第二是廉洁，不贪图私利才能够被尊敬信服，也才会不失个人的威严，更重要的是，才不会伤害民众的利益。

治家也应当遵守两句训诫：第一是要学会宽恕，这样家人间就能和睦相处，家庭自然幸福；第二是要节俭，时下社会中崇尚豪华，近求物欲之风急剧膨胀，这种消费方

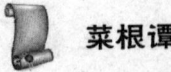 **菜根谭**

式是值得反思的。

原典

处富贵之地,要知贫贱的痛痒;当少壮之时,须念衰老的辛酸。

评鉴

身处富贵时想不到贫穷,那么富贵就很难长久,即使长久,也谈不上具备好的品德。一个人不管身处贫困富贵,都应该珍惜时间,爱惜生命。"少年休笑白头翁,花开能有几日红""明日复明日,明日何其多"。要特别珍惜青春而多想想晚年的衰老生活。惜时如金是成就一番事业的基本要求,否则,一生一事无成,老来回首自己的人生,那将会是何等的凄凉啊!

原典

持身不可太皎洁,一切污辱垢秽要茹纳①的;与人不可太分明,一切善恶贤愚要包容的。

注释

①茹纳:容忍。

评鉴

我们生活的社会是由许多不同的人组成的社会,每一个

概论第五

人都有着不同于别人的思想、情趣、爱好、价值观、人生观，每个人的才能有高有低，每个人的品德也良莠不齐，我们必须学会容纳他们，要知道，这个社会是大家的，不是因为我们自己个人的好恶而形成的，所以在这个大家庭似的社会里，我们必须去包容那些看不惯的人。

原典

休与小人仇雠，小人自有对头；休向君子谄媚，君子原无私惠。

评鉴

君子不畏流言不畏攻讦，因为他问心无愧。小人看你暴露了他的真面目，为了自保，为了掩饰，他是会对你展开反击的。也许你不怕他们的反击，也许他们也奈何不了你，但你要知道，小人之所以为小人，是因为他们始终在暗处，用的始终是不法的手段，而且不会轻易罢手。你别说你不怕他们对你的攻击，看看历史的血迹吧，有几个忠臣抵挡得过奸臣的陷害？

原典

磨砺当如百炼之金，急就者非邃养①，施为宜似千钧之弩，轻发者无宏功。

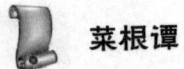 **菜根谭**

注释

①邃养：深厚的修养。

评鉴

做事不要轻易作决定，也不要轻易行动，尤其是做比较大的事情就更要如此。若是弩未拉满而发，则弩力有亏，射不到目标；若是没有瞄准目标而发，则同样射不到目标。所以，做事应当看准了再行动，而且一旦行动，就要全力以赴。

原典

建功立业者，多虚圆之士；偾事①失机者，必执拗之人。

注释

①偾事：败事，坏事。

评鉴

建立功绩、成就事业的人，大抵都是处事圆融、有包容力的人；而事业失败、错失良机者，必然是顽固褊狭的人。

所谓"虚圆"，就是不囿于既有的价值观与固定观念，具有能接受任何事物的能力，这么一来，不论情势如何变化，都能灵活应对。而固执自己狭隘见解的执拗者，就是做不到这一点，思考与行动如果僵化，是不可能安然度过大风

概论第五

原典

俭，美德也，过则为悭吝，为鄙啬，反伤雅道；让，懿行也，过则为足恭，为曲礼，多出机心。

评鉴

谦让往往和虚伪相纠结，有时很难分清哪是谦让，哪是虚伪，或是真诚的谦让被人有意无意地看作虚伪，虚伪的推辞也会被看作真诚的谦让。《菜根谭》认为，过分的谦让，虚情假意的谦让，往往怀有不可告人的目的，这一点是需要用心警惕的。

原典

毋忧拂意，毋喜快心，毋恃久安，毋惮初难。

评鉴

对于不合意的事不要感到忧心忡忡，对于让人高兴的人不要欣喜若狂，对长久的安定不要过于依赖，对初始时遇到的困难不要畏惧害怕。这里告诉我们的道理是，不要作无谓的忧愁烦恼，因为失意正是得意的动力，也不要为一时的幸福而得意，因为得意正是失意的根源，凡事不要有恃无恐，因为没有什么事是绝对的，也不要因为畏惧最初困难而退缩，因为万事开头难。

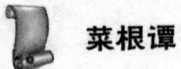
菜根谭

原典

饮宴之乐多，不是个好人家。声华之习胜，不是个好士子。名位之念重，不是个好臣工。

评鉴

贪图酣乐、生活奢侈的人家，很容易走向衰落；读书的时候就贪爱声色之乐、华美之装，这样的读书人，是读不好书的，即使是读了些书，也成不了什么大器。作为臣工，如果功名之心过重，就很容易走向贪腐毁灭之路！这些都是历史总结下来的有用经验，即使在现代社会依然毫不过时，值得我们用心学习和借鉴。

原典

仁人心地宽舒，便福厚而庆长，事事成个宽舒气象；鄙夫念头迫促，便禄薄而泽短，事事成个迫促规模。

评鉴

宽厚仁慈的人，胸怀宽阔舒畅，因而福分充沛、吉星高照，事事都显得宽宏舒畅；志识浅陋的人，心胸狭隘，因而总是时运不佳，福泽既薄又短，事事都困难重重，处境艰难。

原典

用人不宜刻,刻则思效者去;交友不宜滥,滥则贡谀者来。

评鉴

"金无足赤,人无完人。"特别是对那些才干出众、缺点突出的有过失的人,应该先着眼他的长处,而不应执着于他的短处或过错。

无数事实证明,那些能够容人短处和过错,甚至也能宽容"恶"的领导者,多能成就一番事业。

原典

大人不可不畏,畏大人则无放逸之心;小民亦不可不畏,畏小民则无豪横之名。

评鉴

孔子曰:"君子有三畏:畏天命,畏大人,畏圣人。"意为人要敬畏上天,顺应天命,同时也要有敬畏的人。在封建时代,"畏天命、畏圣人"对于保持社会公序良俗的运行,有着一定的积极作用。至于君子须有所畏的"大人",既指品德端重,能用直言指出自己纰缪的长辈或朋友,也指面对执掌生杀予夺之权的君主时,敢于犯颜极谏的直臣。

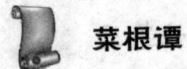 **菜根谭**

原典

事稍拂逆，便思不如我的人，则怨尤自消；心稍怠荒，便思胜似我的人，则精神自奋。

评鉴

身处逆境时，多想想那些不如自己的人，怨气自然消散。精神松懈时，则想想那些比自己更强的人，精神自然振奋。这里讲的是一种心理调适的方法。压力大时，学会自我减压；过于松懈时，懂得给自己上弦，以一种积极健康的心态去生活。

原典

不可乘喜而轻诺，不可因醉而生嗔，不可乘快而多事，不可因倦而鲜终。

评鉴

高兴的时候，不要趁一时的激动而不考虑后果就轻易许诺。否则，等到事情要办的时候往往会发生困难，就会导致失信于人。事实上，不仅不能在心情激动的时候轻易许诺，即使在一般情况下，也不能轻易许诺，要考虑事情难易与善恶，而一旦许诺则要尽力完成。醉酒的时候不能随意动怒，一旦动怒就不可收拾，但醉酒后要控制情绪是很难的，所以，最好的办法是不喝酒或者少喝酒。

原典

钓水,逸事也,尚持生杀之柄;弈棋,清戏也,且动战争之心。可见喜事不如省事之为适,多能不如无能之全真。

评鉴

到水边钓鱼,是闲情逸致,尚且掌握鱼的生杀大权;对弈棋局,是清心寡欲的游戏,也会产生发动战争的杀心。可见,好事就不如无事那样悠闲自在,多才就不如无才那样能保全纯真本性。

原典

听静夜之钟声,唤醒梦中之梦;观澄潭之月影,窥见身外之身。

评鉴

当我们聆听静夜的钟声时,仿佛觉察到,生命中无论多大的伤痛,或是多深刻的凝情,都不过是梦中之梦,所以,何必苦苦执着不放呢?所谓的身外之身,乃是指我们每一个人所具有的真实本体,静夜,澄潭观月,实为观心、明心,寻回最真实的自我。

原典

鸟语虫声,总是传心之诀;花英草色,无非见道[①]之文。

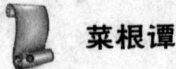 **菜根谭**

学者要天机清彻，胸次玲珑，触物皆有会心处。

注释

①见道：明白道理。

评鉴

做学问的确应该"天机清彻，胸次玲珑"，否则，就难以从看似平常的言论或事物中发现深刻的道理。道理这东西，书上有很多，师长的嘴里更多，但无论如何，别人灌输的东西，都不如经过自己的努力而发现和领悟的来得深刻，正所谓，"纸上得来终觉浅，绝知此事要躬行"。

原典

人解读有字书，不解读无字书；知弹有弦琴，不知弹无弦琴。以迹用不以神用，何以得琴书佳趣？

评鉴

"有字书"不难理解，何谓"无字书"？即宇宙、世界、社会、生活等，"有字书"中的知识要用心学习，"无字书"的中的知识也要用心感悟，只有将这两者结合起来，方可掌握真正的智慧，这其实说的也就是学习和实践，提醒人们不能读死书，"有弦琴""无弦琴"的道理与此类似。

概论第五

原典

山河大地已属微尘,而况尘中之尘!血肉身驱且归泡影,而况影外之影!非上上智,无了了心。

评鉴

"非上上智,无了了心"。这里的"智"不仅是说智慧,"心"也不全是洞察真理的心,应该有更多层面上的理解。没有很清澈的心智,就不能理解为人处世的道理。有些人生活浑浑噩噩,过一天算一天,从来不去想为什么要这样过,自己为什么活着;有些人常常自省,遇事不糊弄,反倒是多想多思考,这两种人的人生悟性是不同的,生活质量当然不一样。许多穷困的人,却不怨天尤人,内心开朗乐观,有些富裕的人,却常常内心空虚痛苦,这就是有没有清澈透亮的心的区别。

原典

石火光中,争长竞短,几何光阴?蜗牛角上,较雌论雄,许大世界?

评鉴

人类在宇宙中所占的空间就像蜗牛触角那么小,在这块地方上争强斗胜究竟有多大世界呢?这句典出《庄子·则阳》:"有国于蜗之左角者,曰触氏;有国于蜗之右角者,

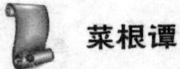 **菜根谭**

曰蛮氏，时相与争地而战。"苏轼在《满庭芳》中曾引用此典："蜗角虚名，蝇头微利，算来著甚干忙。"这里引用此典，是说人应该心怀宽广，不必介入无谓的投入和争斗。

原典

有浮云富贵之风，而不必岩栖穴处；无膏肓泉石之癖①，而常自醉酒耽诗。竞逐听人而不嫌尽醉，恬憺适己而不夸独醒，此释氏所谓不为法缠、不为空缠，身心两自在者。

注释

①膏肓泉石之癖：古人把心尖脂肪叫"膏"，心脏和隔膜之间叫"肓"，据说这是药力达不到的地方。这里用来比喻嗜好山水成癖。

评鉴

一个人心地洁净，有视富贵功名如浮云的风范，就不必因而隐居于深山岩穴中。人虽无沉耽于清泉山石等山光水色的癖好，亦可独自吟诗啜酒，而常有悠然自得的乐趣。他人喜欢追逐利益，就且由得他去，也不要说他人都是些沉醉不知醒的醉汉；自己偏好恬淡，只是为了自己自得其乐而已，也没有必要自吹自擂，向人炫耀自己，也不要自吹"世人皆醉而我独醒"。

原典

延促由于一念,宽窄系之寸心。故机闲者一日遥于千古,意宽者斗室广于两间。

评鉴

佛说:"物随心转,境由心造,烦恼皆由心生。"

一位艺术家说:"你不能延长生命的长度,但你可以扩展它的宽度;你不能改变天气,但你可以左右自己的心情;你不可以控制环境,但你可以调整自己的心态。"

一位哲人曾说:"我们的痛苦不是问题的本身带来的,而是我们对这些问题的看法而产生的。"

这些话和《菜根谭》说的道理都是一样的,就是境由心造,人要学会解脱自己、拯救自己。

原典

都来眼前事,知足者仙境,不知足者凡境;总出世上因,善用者生机,不善用者杀机。

评鉴

知足者常乐,如果对周围的人和事总是心有不甘、心怀抱怨,不能抱以平常的心面对,那么即使得到的再多,拥有的再多,其内心也不会快乐。

善于抓住机遇的人更容易成功,这是显而易见的道理,

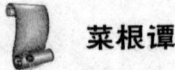 **菜根谭**

而那些不善或者不愿抓住机缘的人，成功之路自然越走越窄。

原典

趋炎附势之祸，甚惨亦甚速；栖恬守逸之味，最淡亦最长。

评鉴

过度的逢迎他人只会让你迷失生活，失去自己。一辈子只为适应别人，而拼命削减自己的个性，这样的生命还有什么意义可言？时常扪心自问：我们究竟为谁活着？

原典

色欲火炽，而一念及病时，便兴似寒灰；名利饴甘，而一想到死地，便味如咀蜡。故人常忧死虑病，亦可消幻业而长道心。

评鉴

色欲之心，名利之心，当人在身体健康的时候，都是很有兴趣的，可一旦有病或是身亡，兴趣也就随之而灭。所以，人如果能够常常想到死亡和疾病，色欲心和名利心就会如梦幻泡影，心不起幻业，就可以增长德业之心。"生死事大，无常迅速，慎勿放逸。"佛教常以这三句话来警觉信众，说的其实也是这个道理。

原典

争先的径路窄,退后一步自宽平一步;浓艳的滋味短,清淡一分自悠长一分。

评鉴

假如我们能从纷杂的世俗中抽身而出,以平和的心态对待人生的失意与人际中的纠纷,追求一种"退一步海阔天空"的宽容心境,如果我们能够静下心来,放下追名逐利的浮躁,淡然处世,追求一种空旷高远的淡泊境界,做到"意随无事适,风逐自然清",那么快乐距我们还会有多远呢?

原典

隐逸林中无荣辱,道义路上泯炎凉。

评鉴

"心"是荣辱的关键,"有心"便有荣辱,"无心"便无荣辱可言。隐居山林,正因无心追逐世间的名利,心中对什么都不执着,宠辱自然不会存在。"道义路上无炎凉",讲的是勇气和决心的问题,道义之路是一条十分艰难的路,既然选择了这条路,就必须抱着入世的精神,全身投入。不怕人情冷暖,不畏强权威势,依然坚持自己的理想,勇往直前。

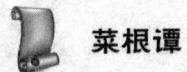
菜根谭

原典

进步处便思退步,庶免触藩之祸。着手时光图放手,才脱骑虎之危。

评鉴

悬崖勒马、江心补漏固然是应对危局的急救措施,但毕竟已使自己处于危险境地。做人做事要胸中有数,不要贪恋功名利禄,不要做无准备之事,要随机应变。做事是为了成事,光知道硬拼不可取,犹犹豫豫也不可取,应当知进知退,有张有弛,居安思危,处进思退才是正确的方法。

原典

贪得者分金恨不得玉,封公怨不授侯,权豪自甘乞丐;知足者藜羹①旨于膏粱,布袍暖于狐貉,编民不让王公。

注释

①藜羹:用藜菜做的羹,泛指粗劣的食物。

评鉴

人心不知足,既得陇,复望蜀,对物欲的追求如果不加约束,贪欲之心就会越来越大。而贪欲恶性发展以后,又进一步使人丧失理智和自我控制能力,有时候,明明知道前面是泥潭陷阱,也会不加思量地踏进去。现实生活中,

概论第五

有些人走上经济犯罪的道路，就多是从贪小利开始，因为不能及时悔改，胆子越来越大，最后成为大贪污犯、大盗窃犯。

原典

矜名不如逃名趣，练事何如省事闲。

评鉴

一个喜欢夸耀自己名声的人，不如避讳自己名声的人显得更高明。法国的拿破仑是向外夸耀功名的人，美国的华盛顿是功成身退逃遁功名利禄的人，前者被放逐海上孤岛，死于异域，后者则功成名就，晚景亦是幸福。两者相互比较，哪一个更高明是显而易见的。

原典

山林是胜地，一营恋便成市朝；书画是雅事，一贪痴便成商贾。盖心无染着，俗境是仙都；心有丝牵，乐境成悲地。

评鉴

唯有入世而能超然，才是真正的超脱；若是避世以求超脱，则只能称为逃脱。因为真正的超脱，乃是从心底对贪欲的超越，而不是在形式上对尘世的远避。"心无染着，欲界是仙都；心有丝牵，乐境成悲地"便是对这种"超然而不出世"的相应诠释，而禅宗所讲的"小隐隐于山林，

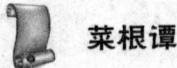 **菜根谭**

大隐隐于市廛"讲的也是这么一个意思。

原典

时当喧杂,则平日所记忆者皆漫然忘去;境在清宁,则夙昔所遗忘者又恍尔现前。可见静躁稍分,昏明顿异也。

评鉴

佛家有语云:万物均有佛性。万物之性与天性是合一的,人的心也都有一个真境。这是由于人心本是合乎天道的。这一真境是从恬淡愉快的自然中得来的;是由清新芳香中自然发生的。弘一法师也说过:人如果要达到这种境界,则要先使本身的心念清净,断绝被现在的境遇所左右的机缘,忘却一切思虑与分别,放宽身心,不固执于形体,就可以悠游于这一玄妙的境界。

原典

芦花被下卧雪眠云,保全得一窝夜气;竹叶杯中吟风弄月,躲离了万丈红尘。

评鉴

以芦花作棉被,以雪地作睡床,以云彩作蚊帐,在如此美景下睡眠,可以保持一天之间的精气;以竹叶作酒杯,在清风明月下吟咏,可以摆脱尘世间的纷乱烦扰。我们如果能够放下得失,以平淡之心来生活,也就能达到"卧雪

概论第五

眠云，吟风弄月"的境界，可现代人生存在竞争激烈的社会现实中，又有多少人做得到呢？

原典

出世之道，即在涉世中，不必绝人以逃世；了心之功即在尽心内，不必绝欲以灰心。

评鉴

修养心性，是儒、道、佛三家共同的理论主张和核心思想，人只有将自我的心性品德修养好，才可以从容地待人处世。《菜根谭》这段的意思就是说，修养心性的道理，应在人世间磨炼，根本不必离群索居与世隔绝；要想完全明白智慧的功用，也应该在贡献智慧的时刻去领悟，根本不必断绝一切欲望使心情犹如死灰一般寂然不动。这段强调的是积极"入世"，认为真正的禅和佛在人世间，在日常工作生活中。

原典

此身常放在闲处，荣辱得失，谁能差遣我？此心常安在静中，是非利害，谁能瞒昧我？

评鉴

经常把自己的身心放在安闲的环境中，世间所有的荣华富贵和成败得失都无法左右我；经常把自己的身心放在

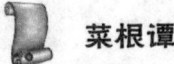 **菜根谭**

安宁的环境中，人间的功名利禄和是是非非就不能欺骗蒙蔽我。人类的各种欲望，如果任其放纵，而不加约束，那么就必然将永无止境地堕落，那么，如何约束呢？《菜根谭》在这段提供了两种方法：其一，身放闲处，其二，心安静中。

原典

我不希荣，何忧乎利禄之香饵；我不竞进，何畏乎仕宦之危机。

评鉴

我如果不希望得到荣华富贵，又何必担心他人用名利作饵来引诱我呢？我如果不和人竞争高低，又何必恐惧在官场中所潜伏的宦海危机呢？《菜根谭》这段是劝诫人们要想不误踩陷阱，就最好把荣华富贵和高官厚禄都看成过眼烟云。

原典

多藏厚亡，故知富不如贫之无虑；高步疾颠，故知贵不如贱之常安。

评鉴

当财富聚集太多时，就会整天担心财产被人夺去，可见富有还不如贫穷那样无忧无虑；当身份地位很高时，就会经常忧虑会丢官，可见高官厚禄还不如常人那样安闲。

概论第五

高官厚禄是人们所向往的,但高官厚禄往往会导致灾祸。这与常人的无忧无虑比起来,自然是非常可怜的。这就是人们常说的"无官一身轻"的道理。

原典

世上只缘认得"我"字太真,故多种种嗜好、种种烦恼。前人云:"不复知有我,安知物为贵。"又云:"知身不是我,烦恼更何侵。"真破的之言也。

评鉴

北宋王安石的《老子注》中说:"圣人,无我也。有我,则与物构,而物我相引矣。万物,敌我也,吾不与之敌,故后之。"也就是说"得道"的人都必须达到"无我"的状态,否则,就会"与物构",思维就会受到世俗的左右,就无法做正确的判断了。

原典

人情世态,倏忽万端,不宜认得太真。尧夫云:"昔日所云我,今朝却是伊;不知今日我,又属后来谁?"人常作是观,便可解却胸胃矣。

评鉴

人生在世,处世应该圆融,该认真时认真,不该认真时就不妨糊涂点,这样才可能腾达,才会有福气。认真与否,

 **菜根谭**

决定因素只有一个,就是能否让自己处于主动。常有太过呆板的人,做事不顾客观情势,按着性子来,执拗到底,过分认真,结果却搞得自己越来越被动,这一点是我们一定要吸取教训的。

原典

有一乐境界,就有一不乐的相对待;有一好光景,就有一不好的相乘除。只是寻常家饭、素位风光,才是个安乐窝巢。

评鉴

乐与不乐,好与不好,都是相对存在的,不要幻想生活总是那么圆圆满满,也不要幻想在生活的四季中享受所有的春天,每个人的一生都注定要跋涉沟沟坎坎,品尝苦涩与无奈,经历挫折与失意。

学会洒脱,不是玩世不恭,更不是自暴自弃,洒脱是一种思想上的轻装,洒脱是一种目光的朝前。有洒脱才不会终日郁郁寡欢,有洒脱才不觉得人生活得太累。

原典

知成之必败,则求成之心不必太坚;知生之必死,则保生之道不必过劳。

概论第五

评鉴

任何人的成败得失都是暂时的，相对的。世界上不存在永久的绝对的成功和永久的绝对的失败。

如果你把成败得失放在时间之秤上去称量，就会更加透彻地领悟它对人生意味着什么，从而更清楚地懂得你该怎样对待成败。

原典

眼看西晋之荆榛，犹矜白刃；身属北邙之狐兔，尚惜黄金。语云："猛兽易伏，人心难降。溪壑易填，人心难满"。信哉！

评鉴

眼看西晋已快灭亡，将变成杂草丛生的荒野，可还有人在那里炫耀自己的武力；眼看人将死去变成北邙山狐兔的食物，此时竟然还有人吝惜黄金。俗话说："猛兽容易制伏，而人心难以降服；深谷容易填平，而人心难以满足。"这句话是如此的正确啊！俗语说，人心不足蛇吞象。蛇吞得下象吗？不能，所以我们应该明辨是非，分清哪些当为，哪些不当为，让欲望适可而止，不要失了人的本心本性。

原典

心地上无风涛，随在皆青山绿树；性天中有化育，触

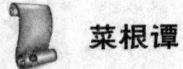 **菜根谭**

处都鱼跃鸢飞。

评鉴

　　心里宁静,自然看什么什么顺眼,但再顺眼也不至于把乱砍滥伐之后的荒山看成"青山",也不会把被废水污染的河流看成"绿水"。而保存本性中的爱心和善意,也只能让自己以平和的眼光去看待外界的事物,并不能真的让客观世界和身外的社会变得莺歌燕舞。所以,我们应该注意修养自己的心性,但千万不要过分强调它的作用,否则,就无异于掩耳盗铃。

原典

　　狐眠败砌[1],兔走荒台,尽是当年歌舞之地;露冷黄花[2],烟迷衰草,悉属旧时争战之场。盛衰何常,强弱安在,念此令人心灰。宠辱不惊,闲看庭前花开花落;去留无意,漫随天外云卷云舒。

注释

①砌:台阶。
②黄花:菊花。

评鉴

　　《红楼梦》里的《好了歌》和《菜根谭》这一段所说是一般无二的。有些人,只逞一时的荣华,弄一朝的权势,到头却只是春梦一场。人若能悟透"盛衰不常,强弱皆空"的道理,自然就不为野心所困,不为物欲所缚,心中常存这样的念头,则渴望功名富贵的心理,自然而然就消失了。

原典

晴空朗月,何天不可翱翔,而飞蛾独投夜烛;清泉绿竹,何物不可饮啄,而鸱鸮偏嗜腐鼠。噫!世之不为飞蛾鸱鸮者,几何人哉!

评鉴

飞蛾因为无知,才会扑火自取灭亡;鸱鸮因为怪异,才会吃腐鼠为生。物如此,人也一样,因为认识的局限、个性的偏执,很多事情在别人看来明明是错的事情,偏偏有人去做,更可悲的是那些自己都明知有害的事情,却因为难以克制私心杂念,纵容欲望,知苦海而不回头,实为可悲。

原典

权贵龙骧,英雄虎战,以冷眼视之,如蝇聚膻,如蚁竞血;是非蜂起,得失猬兴①,以冷情当之,如冶化金,如汤消雪。

注释

①猬兴:形容纷纷而起。

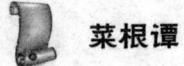 **菜根谭**

评鉴

这里所谓的"权贵龙骧""英雄虎战",就儒家观点来看,都是涂炭生灵的不义之人、不义之战,所以《孟子·尽心篇》中有这样一段记载:"不仁哉,梁惠王也!仁者,以其所爱及其所不爱;不仁者,以其所不爱及其所爱。公孙丑曰:何谓也?梁惠王以土地之故,糜烂其民而战之,大败,将复之,恐不能胜,故驱其所爱子弟以殉之,是之谓以其所不爱及其爱也。"而《三国演义》开篇的那段"滚滚长江东逝水,浪花淘尽英雄,古今多少事,都付笑谈中",最能说明这种道理。

原典

真空不空,执相非真,破相亦非真。问世尊①如何发付?在世出世,徇②俗是苦,绝俗亦是苦,听吾侪③善自修持。

注释

①世尊:佛家十号之一,此处指释迦牟尼佛。
②徇:顺从、依从。
③吾侪:我辈。

评鉴

世间之事,到底是真是假,是虚是实?是摒除物欲,还是保留物欲?佛祖说不明白,洪应明也难以弄清,到底

概论第五

应该如何看待和对待，说到底，还是要世人自己根据自己的实际情况和实际需要来决定。

原典

烈士让千乘，贪夫争一文，人品星渊也，而好名不殊好利；天子营家国，乞人号饔飧，位分霄壤也，而焦思何异焦声。

评鉴

天子的"焦虑"可以想象，乞丐的"号声"大多数人都听到过。这两种痛苦绝对处在不同的精神层面上。皇帝的痛苦最终或许可以用神圣来得到安慰，而乞丐的痛苦则永远由耻辱相伴随。皇帝的痛苦可能是人人追求的，而乞丐的痛苦则必定是人人都逃避的。《菜根谭》这一段的意思还是劝人们不要贪恋权贵，要安分守己，用心可谓良苦。

原典

性天澄澈，即饥餐渴饮，无非康济身心；心地沉迷，纵演偈谈禅，总是播弄精魄。

评鉴

人到底应该怎样活着？是饿了就吃，饥了就喝，还是既沉迷于物欲，身为物累，又参禅拜佛寻求解脱？人毕竟是人，应该有人的人性，而不只动物的兽性。人活着不仅

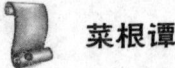 **菜根谭**

是为了饿了就吃,饥了就喝,更应该有精神生活,而精神层面的生活正是人和动物区别的标志之一。

原典

人心有真境,非丝非竹①而自恬愉,不烟不茗②而自清芬。须念净境空,虑忘形释③,才得以游衍④其中。

注释

①非丝非竹:这里的"丝""竹"皆指乐器。
②茗:茶水。
③形释:形指躯体,释是解说的意思。
④游衍:衍,漫延,扩展。游衍,这里的意思是逍遥游乐。

评鉴

丝竹赏心,品茗气雅,但只要人的心性、人的内在气质本身纯正清净,那么,即便没有外物的赏心悦目,同样会拥有一种雅致生活与情趣。

原典

天地中万物,人伦中万情,世界中万事,以俗眼观,纷纷各异,以道眼观,种种是常,何须分别,何须取舍!

评鉴

天地间的万物,人与人之间错综复杂的感情,世界上

概论第五

每天所发生的种种事体,如果用世俗眼光去观察,是变幻不定令人头昏目眩的;如果用超越世俗的眼光去观察,则在本质上却是永恒不变的。只要有一颗超越世俗的眼光、淡定从容的心境,我们就可以宠辱不惊,闲庭信步,活出真我来。

原典

缠脱只在自心,心了则屠肆糟糠居然净土。不然纵一琴一鹤、一花一竹,嗜好虽清,魔障终在。语云:"能休尘境为真境,未了僧家是俗家。"

评鉴

希迁和尚从六祖处得道,在衡山南寺宣讲。一个僧人学佛数年,觉得仍未悟道,十分苦恼。

他来问希迁:"大师,怎样才能解脱?"希迁将僧人的身体转了转,反问道:"谁来缚了你?"——如果没有别人捆住你,就是你自己捆住了自己。既然是你自己捆住了自己,就要自己去解开它,不要向别人寻求解脱的方法。

僧人遥望天边的夕阳,又问:"如何能往生西方净土?"希迁对着僧人的脸仔细瞅了瞅,反问:"是谁弄脏了你?"言下大意是,你自己把自己弄脏了,你自己有了不干净的心,所以看这个世界也是不干净的。

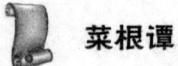 **菜根谭**

原典

以我转物者，得固不喜，失亦不忧，大地尽属逍遥；以物役我者，逆固生憎，顺亦生爱，一毫便生缠缚。

评鉴

《楞严经》云："若能转物，即同如来。"意思是一切圣贤，能转万物，而不被万物所转，随心自在，处处真如。

然而，世间凡夫俗子因为心有妄念，所以大都被万物所转，其人生就如同墙头草，东风吹来向西倒，西风吹来向东倒，自己做不了自己的主人。

原典

试思未生之前有何象貌，又思既死之后有何景色，则万念灰冷，一性寂然，自可超物外而游象先①。

注释

①象先：象，形象，先，超越。此语意思是超越各种形象。

评鉴

关于生与死的问题，是古今中外许多哲学家苦苦研究却又没有统一结果的问题，生与死既可以是物质的也可以是精神的，《菜根谭》这段是说生命是短暂的，精神却是永恒的，只有保持心性自然，才能超脱物外遨游于天地之间。

概论第五

原典

优人傅粉调朱,效妍丑于毫端。俄而歌残场罢,妍丑何存?弈者争先竞后,较雌雄于着手。俄而局尽子收,雌雄安在?

评鉴

人生如戏,社会就是一个大舞台,每个人粉墨登场把剧中人物的喜怒哀乐、悲欢离合演个淋漓尽致,但还没有来得及谢幕,舞台上又有新角色开始上演新戏了,前一幕的人物也随之消失。

人生又如弈棋,在围攻酣战中,争先手与后手,争胜负与雌雄,但等到棋局结束,人散棋收,盘上所布的妙阵奇谋,双方所用的精神心血,就转眼成为枉费了。

原典

把握未定,宜绝迹尘嚣,使此心不见可欲而不乱,以澄吾静体;操持既坚,又当混迹风尘,使此心见可欲而亦不乱,以养吾圆机。

评鉴

如果自觉定力不够,经受不住色诱、名诱、利诱,那就不妨先避为妙,这虽是被动之举,但毕竟可借此做到不乱心思,不起任何欲念,心也就可以慢慢淡定下来了。心

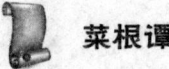 **菜根谭**

一淡定，即便混入红尘世俗之中，接触到动心起欲的事物，也能做到不为所动，并且借机培养自己圆熟质朴的灵性。孤独难耐的夜晚，不妨一盏清茶，让思绪渐渐平复，按捺住内心的躁动，就会越来越理智和成熟。

原典

喜寂厌喧者，往往避人以求静。不知意在无人，便成我相，心着于静，便是动根。如何到得人我一空、动静两忘的境界！

评鉴

求得内心的宁静在于心静，环境在其次。一些清修的人喜欢远离尘嚣隐居山林，以求得宁静。其实，这样环境虽然宁静，但假如内心繁杂，也是无法获得真正的宁静的。所以《菜根谭》这段说，必须完全抛弃动静不一的主观思想，才能真正达到身心都安宁的境界。